U0262003

国家自然科学基金项目“跨流域调水工程突发事件演化机理及
动态协同管理机制研究：以南水北调中线工程为例”（U1304702）成果

Research on the Problems of Emergency and Emergency Management of Inter-Basin Water Diversion Project

跨流域调水工程突发事件及应急管理相关问题研究

李红艳 褚钰 著

中国社会科学出版社

图书在版编目（CIP）数据

跨流域调水工程突发事件及应急管理相关问题研究/李红艳，褚钰著．—北京：中国社会科学出版社，2017.8

ISBN 978－7－5203－0447－4

Ⅰ．①跨…　Ⅱ．①李…②褚…　Ⅲ．①跨流域引水—调水工程—突发事件—公共管理—研究　Ⅳ．①TV68

中国版本图书馆 CIP 数据核字(2017)第 115356 号

出 版 人　赵剑英
责任编辑　侯苗苗
责任校对　王纪慧
责任印制　王　超

出　　版　中国社会科学出版社
社　　址　北京鼓楼西大街甲 158 号
邮　　编　100720
网　　址　http：//www.csspw.cn
发 行 部　010－84083685
门 市 部　010－84029450
经　　销　新华书店及其他书店

印　　刷　北京君升印刷有限公司
装　　订　廊坊市广阳区广增装订厂
版　　次　2017 年 8 月第 1 版
印　　次　2017 年 8 月第 1 次印刷

开　　本　710×1000　1/16
印　　张　13.75
插　　页　2
字　　数　192 千字
定　　价　59.00 元

凡购买中国社会科学出版社图书，如有质量问题请与本社营销中心联系调换
电话：010－84083683
版权所有　侵权必究

前　言

长期以来，我国很多地方水资源供需矛盾严重，加之我国水资源的时空分布很不均匀，自20世纪末期起，为了解决一些地区水资源紧缺的问题，我国的跨流域调水工程进入一个建设高峰期。我国南水北调工程的东线、中线、西线三条调水线路与长江、黄河、淮河和海河四大江河形成“四横三纵”的中国大水网。南水北调工程竣工后将成为我国乃至世界上最大的跨流域调水工程。一方面，这些调水工程发挥了显著的经济效益、社会效益和环境效益；另一方面，调水工程管理体制、运行机制存在的一些弊端也逐渐显现，尤其是突发事件应急管理效率的高低直接影响着工程的运行。

由于跨流域调水工程（以下简称调水工程）本身具有运输线路长、跨越地域广、管理主体多等特点，故运行过程中潜藏着很多问题，如沿线的地理环境和气象条件差异较大，当出现自然灾害、水质污染等突发事件时，势必会对正常输水造成影响，甚至将威胁工程沿线人民群众的生命财产安全。近年来，突发事件应急管理作为大型水利工程安全管理工作的一部分已经逐步得到了重视。

本书著者均毕业于河海大学，长期致力于跨流域调水工程水资源配置、应急管理等相关问题研究，相关研究成果曾被发表在中文社会科学引文索引（CSSCI）、工程索引（EI）等高水平期刊上，也相继参加过应急管理相关学术会议10余次，李红艳主持完成了包括国家自然科学基金、中国博士后基金等高水平项目，褚钰参与完成了数项国家自然科学基金、国家社会科学基金等高水平项目，目前，前期成果产生了较好的社会效益。

本书就是李红艳带领的研究团队近几年的总结，全书分为七章，各章主要内容安排如下：

第一章：绪论。重点介绍本书的研究背景及意义，国内外相关研究现状，研究内容及方法，研究的重点及难点等。

第二章：相关概念及知识概述。重点阐述了突发事件、应急管理、跨流域调水工程的相关概念及相关知识。

第三章：跨流域调水工程突发事件评估模型。从跨流域调水工程突发事件含义解释开始，从工程内与工程外两个角度分析了跨流域调水工程建设及运行过程中可能遇到的突发事件及具体诱发因素。并以跨流域调水工程明渠水华和南水北调工程干渠突发水污染事件为例，建立相应模型，分析事件发生的原因及可能性。

第四章：跨流域调水工程突发事件应急管理主体间关系及作用分析。分析了跨流域调水工程突发事件应急管理中的参与主体，并以博弈论为理论，详细分析了各主体间复杂的博弈关系，构建南水北调中线多主体合作模型。

第五章：跨流域调水工程突发事件中网络舆情监控预警。从不同角度和不同层次系统地讨论了基于网络舆论的危机预警分析方法，阐述了分析框架、分析方法和策略及分析模型。建立支持向量机的网络舆论危机预警模型，并将较好的分类和回归理论引入网络舆论危机预警模型。

第六章：南水北调中线工程动态协同应急管理机制构建。以南水北调中线工程为例，构建了涵盖时间维和空间维的动态协同应急管理机制，并以信息协同为例进行仿真。

第七章：南水北调中线工程突发事件应急联动体系保障机制。从法律保障、技术保障和资源保障三个角度分析具体的保障机制。

本书主要由李红艳和褚钰完成，主要思想及内容架构由李红艳提出，并负责全书统稿。褚钰编写了第二章、第四章的第四节和第七章，其余章节由李红艳撰写。

在本书的成稿过程中，中原工学院的朱九龙教授、陶晓燕教授，河南工程学院的王中锋博士、朱伟博士都积极参与了讨论，为大纲的形成及具体章节的编写给予了不同程度的支持，在此一并致谢。

本书是国家自然科学基金项目——河南联合基金（U1304702）、中国博士后基金（2011M500850）、河南省青年骨干教师资助项目（2012GGJS-188）的阶段性成果，并得到了国家自然科学基金项目——河南联合基金（U1304702）的资助。

限于作者的水平，书中难免存在疏漏之处，恳请读者批评指正。

李红艳　褚　钰

2017年2月26日

目　录

第一章　绪论

第一节　研究背景及意义

一　研究背景

天然地理位置的差异，导致了水资源时空分布不均衡。随着人口的增加、经济的发展，加之水资源浪费与水污染严重，水资源供需矛盾更加突出，这些问题不仅制约了地方经济社会的正常发展，甚至影响到了国家的可持续发展战略。为了改善这种状况，世界上许多国家开展了跨流域调水工程，目前，全球已建、在建和拟建的跨流域调水工程已达160多项。我国也已陆续建成了一批调水工程，如引滦入津、引滦入唐、引黄济青、引黄入晋、东北的北水南调、引江济太、东深引水工程、引大入秦，等等。跨流域调水工程的建设，对解决水资源短缺问题起到了巨大的作用，特别是目前正在建设的南水北调东线和中线工程，无论规模还是输水距离，都超过了目前已建成的工程。

由于跨流域调水工程（以下简称调水工程）本身具有运输线路长、跨越地域广、管理主体多等特点，故运行过程中潜藏着很多问题，如沿线的地理环境和气象条件差异较大，当出现自然灾害、水质污染等突发事件时，势必会对正常输水造成影响，甚至将威胁工程沿线人民群众的生命财产安全。而且，由于不同时期修建的水利工程中普遍存在着标准偏低、建设质量较差、工程管理落后、缺乏良性运行管理机制等问题，水利工程安全问题十分突出，尤其是沿线调蓄水库的安全问题。一旦发生水库溃坝事件，将会导致人员伤亡、社会巨大经济损失和生态环境等问题。世界上许多国家都曾发生过水库溃坝事故，如 1889 年美国约翰斯敦水库溃坝，造成 4000—10000 人死亡；1979 年，印度曼朱二号水库垮坝，导致 5000—10000 人死亡。我国河北“63. 8”事件，导致 319 座坝溃决，冲毁村庄 106 个，摧毁房屋 10 间，死亡 1467 人；河南“75. 8”历史大洪水，导致 62 座坝溃决，造成 1700 万亩耕地和 1100 万人受灾。1954—2006 年，我国共有 3498 座水库溃坝，年均达 64 座。

近年来，突发事件应急管理作为大型水利工程安全管理工作的一部分已经逐步得到了重视。水利部于 2006 年发布了《国家防汛抗旱应急预案》《水利工程建设重大质量与安全事故应急预案》，2007 年发布了《水库大坝安全管理应急预案编制导则》（试行）。2008 年 1 月水利部部长陈雷在全国水利厅局长会议上强调“要建立健全突发事件应急机制，防范自然灾害、事故灾难和其他突发事件，落实监管责任，完善应急预案，充实救援队伍，储备必要物资，为水利设施工程能够快速和妥善处理提供有效保障”，标志着我国水利工程突发事件应急管理工作已开始从被动应付型向主动保障型转变。但由于跨流域调水工程具有跨地域、跨部门、管理主体多的特点，应急管理中不同部门、不同社会组织之间的合作与协调就成为有效应对突发事件的重要前提。

二　研究意义

由于调水工程对国民经济和社会生活影响巨大，加上工程本身具有规模大、距离长、工程及环境条件复杂等特点，突发事件发生后带来的破坏性影响难以预测。因此，通过研究各种突发事件的特征及诱发因素，分析突发事件应急管理主体间的复杂关系，结合工程特征和事件的不同演化阶段，构建动态协同各管理主体的应急管理机制，具有重大的理论意义和实践价值。

（一）理论意义

本书拟以跨流域调水工程为研究对象，分析工程运行过程中可能遇到的突发事件、诱发因素及各事件可能造成的影响，对突发事件进行分级，同时分析应急管理主体间的复杂关系，并试图构建动态协同应急管理机制，是对应急管理理论和调水工程管理理论的重要补充。

（二）实践价值

跨流域调水工程应急管理是一个崭新的研究领域，具有较大的探索空间，该课题是推进我国水利工程应急能力建设、推动水利工程突发事件应急管理工作步入规范化和科学化轨道的实践，通过构建动态协同应急管理机制，协调多管理主体间的利益，使得各方在突发事件不同阶段应急管理过程中实现资源协同、信息协同和决策协同，增强应急管理的能力，为水利管理部门加强水利工程重大事故应急能力建设提供有力的参考依据和决策手段，可以指导调水工程的应急管理工作，以最大限度地减少事故所造成的损失。

第二节 国内外研究现状及分析

一 调水工程风险管理

风险因素分析方面的相关研究主要有：①Christian Ma（1999）分析了地理环境对调水工程的影响，包括膨胀土和岩石坡的稳定性，地下水上涨导致的土壤盐渍化，产煤区域地表沉陷问题，沙土的液化作用等；②陈进、黄薇（2004）分析了对跨流域调水工程系统有影响的风险因子及影响方式，并对风险进行分级，提出了工程和非工程措施两类应对对策；③杨帆（2005）分析了跨流域调水工程施工阶段环境风险识别，运用层次分析法对万家寨引黄调水工程的环境风险进行评估；④Steinmann（2006）等分析了非洲大陆水利工程与血吸虫病之间的关联性，通过大量文献查阅和汇总的办法来识别血吸虫病风险的来源；⑤Wang（2008）等研究了长时间、大规模的调水、输水对河流形态产生的影响，借用了形态动力学方法识别其中的风险因子；⑥Filiz Dadaser - Celik（2009）分析了土耳其到苏丹调水工程中的风险与经济收益关系；⑦Cohen（2009）等采用关键路径法对工程的论证、计划、设计和实施的整个过程进行风险管理，并采用头脑风暴法来识别风险因子；⑧吕周洋、王慧敏（2009）等将南水北调工程看作一个经济实体或社会单元，通过结合等级信息建模与鱼骨图方法，共识别出单纯的社会风险和传导的社会风险因子 50 条。

风险管理措施方面的相关研究主要有：①陈理飞、史安娜（2006）引入期权概念规避跨流域调水工程风险；②金健、洪剑泳（2007）根据调水工程事故的特点和结构系统受损害的严重程度，构建了四级风险评估体系。

二 突发事件演化机理

突发事件是一个不断变化的过程，国内外不少学者对其变化过程进行了总结，对突发事件的过程阶段进行划分，主要是在生命周期理论的基础上展开的。有三阶段说，如 Burkholder（1995）根据人道主义紧急事件的发展过程，提出紧急事件具有三个阶段：急性的紧急事件阶段、晚期紧急事件阶段、后紧急事件阶段。四阶段说，如美国联邦应急管理署将突发事件管理的过程界定为：减缓、预防、反应和恢复；Steven Fink（2004）提出关于危机的 F 模型（即四阶段生命周期模型），将危机的发展划分为危机激发阶段、危机急性阶段、危机延缓阶段和危机解决阶段；国内学者如马建华、陈安（2009）提出突发事件的演化过程一般可以分为发生、发展、演变和终结四个阶段，有些突发事件可能没有演变过程，只有发生、发展和终结过程；郭倩倩（2012）根据突发事件演化周期中各个阶段的主要表现形式以及能够划分各个阶段的节点事件或标志性事件，将突发事件演化周期分为危机潜伏期、事件爆发期、危机蔓延期和事件恢复期四个阶段。五阶段说，如祝江斌、王超（2006）

等认为，突发事件的演化从其生成到消解，是一个完整的生命周期，通常情况下都会经历潜伏生成期、显现与爆发期、持续演进期、消解减缓期以及解除消失期五个阶段。七阶段说，如 Turner（1976）将灾害的演化过程分为理论上事件的开始点、孵化期、急促期、爆发期、救援期、援助期、社会调整期七个阶段；Ibrahim M. Shaluf（2002，2003）根据马来西亚 1968—2002 年七个灾害年的调查报告得出了 Ibrahim - Razi 模型，该模型将灾害发生前分为七个阶段：错误产生阶段、错误聚集阶段、警告阶段、纠正或改正阶段、不安全状态阶段、诱发事件产生阶段、保护防卫阶段，最后导致灾害爆发。根据灾害系统内部各因素之间的相互关系，通过分析这种关系在灾害孕育期的相互作用来避免事故的发生，并且还描述了独立的或者相互关联的危险组织间的多米诺骨牌效应。

突发事件的演化机理方面，国内学者的研究更为深入，如祝江斌（2006）等针对突发事件的扩散过程采用实证模拟方法，分析了城市重大突发事件的扩散方式、特征；吴国斌（2006）在对三峡坝区实证调研的基础上，运用系统动力学原理，通过系统动力学仿真软件 Vensim 对三峡坝区发生地震等突发重大事件的扩散机理进行了研究；裘江南、董磊磊（2009）应用系统论观点分析了突发事件之间的耦合作用机理，进而应用协同理论构建了突发机理，对不同突发事件之间的耦合程度进行量化，为突发事件的连锁反应提供科学依据，揭示了突发事件之间耦合机理与耦合程度对于应急管理和综合减灾的重要作用；佘廉（2011）以水污染突发事件为例，构建了事件演化的动力因素体系，认为社会因素和应急干预对水污染突发事件的演化具有推动作用，事件演化具有阶段性，不同阶段具有不同的动力因素；荣莉莉、张继永（2012）研究了各类突发事件之间的不同关联，分析了突发事件演化的不同模式，提出了突发事件点、链、网、超网间的四层演化模式框架，并针对突发事件的不同演化模式进行了分析。

三　调水工程突发事件

虽然现有文献已经总结了跨流域调水工程的突发事件类型，但并没有详细分析诱发各种突发事件的因素，而且对突发事件的总结也不全面。李玉科（2006）等构建了报告、组织、调查、控制、治理、移民安置、检测、应急补救、后期评价九个子系统的突发性水污染事件应急处理体系，并结合南水北调东线工程特点，详细分析了各子系统的功能和运作程序；张军献（2009）等根据突发性水污染事件的性质和应急需要，分析得出水利工程的应急运用方式主要有“拦”水、“排”水、“截”污或“引”污、“引”水四种，实际运用中可以采取单个或多个方式；肖伟华（2010）等结合南水北调东线工程，从风险识别、风险评估与预测等方面分析了南水北调东线工程运行期突发性水环境风险的发生概率与危害，并从风险源、风险传播过程、风险接受者三方面制定了一系列防治措施进行管理，以降低其发生概率及损失，保证东线工程正常运行；段文刚（2010）等将跨流域调水突发事件分为水质安全、渠道及建筑物结构安全、设备故障及社会安全四大类，并针对每类突发事件提出对应的应急调度措施；聂艳华（2011）借鉴南水北调东线工程的经验对中线工程潜藏的风险因子进行具有针对性的识别和分析，根据中线工程系统自身结构的特点，将系统潜藏的风险因子划分为内部和外部两种：内部因子主要集中于输水系统，包括引水渠、节制闸、分水闸、退水闸，这部分属于引水工程控制系统，外部因子包括渠道沿线的地理环境、周边人群，以及长距离的气候特征变化等；树锦、袁健（2012）建立了大型输水渠道事故工况应急调度的数学模型，并以南水北调中线工程总干渠为研究对象，选取不同的事故渠段闸门关闭速率及节制闸前控制水位，模拟了事故工况下渠道的水力响应规律，提出了闸门控制策略。

四　调水工程管理体制、机制

国内外对跨流域调水工程的管理体制已经有了一些成功的经验，国外的管理主体大概有三种：一是具有地区经济发展权力的流域管理局。如1933年美国为开发经济及启动田纳西河流域综合开发工程而建立的田纳西河流域管理局。二是综合性流域管理机构。其既有水行政管理职能和控制水污染的职权，同时又具备较强的经济实力，这种形式以英法为代表。三是流域协调机构。它是由国家立法或由沿河地区协议建立的河流协调组织，主要负责流域水资源的规划和协调。国内则主要以南水北调工程为代表，《南水北调工程总体规划》中指出，工程的建设与管理体制按照“政府宏观调控，准市场机制运作，现代企业管理，用水户参与”的思路，设立国家领导小组，领导小组下设办公室、干线有限责任公司和地方性供水公司三级。管理主体是国家南水北调工程小组、领导小组下设的办公室和公司法人，分别承担三个层面上的管理工作，且采用公司制管理。诸多学者在国内外做法的基础上，提出了创新性管理体制和机制。如王慧敏（2004）等把供应链管理思想引入水资源配置与调度管理，从“技术经济寻优”向“沟通与协调”理念转变，通过供需协议，实现沟通与协调，使整个水资源系统处于“双赢”的平衡状态。丰景春（2005）等进一步提出重视社会各种经济主体参与管理，发挥市场调节机制作用，适应多元投资体制，明晰水权和产权关系，按照国家所有、分级管理、授权经营、分工监督的原则进行管理。王亮东（2005）在分析跨流域长距离调水工程特点的基础上，提出对跨流域长距离调水工程建设管理体制模式可以采取以下四个方案：①项目法人责任制和承包型（非代理型）CM模式相结合的建管体制模式；②项目法人责任制和Partnering（合伙）模式相结合的建管体制模式；③项目法人责任制和“Partnering模式+CM模式”相结合的建管体制模式；④项目法人责任制和“虚拟Partnering模式+CM模式”相结合的建管体制模式。

五　文献研究评析

由上述文献可以看出，国内外对跨流域调水工程突发事件应急管理进行了初步探索，取得了一些成果，但仍存在以下三点不足：

（一）跨流域调水工程突发事件总结及诱因分析不全面

目前对于跨流域调水工程突发事件的研究主要分为水质安全、渠道及建筑物结构安全、设备故障和社会安全四个方面，对于由自然灾害如洪水引发的跨流域调水突发事件分析不够，而且对于诱发各种突发事件的因素分析得不够详细，对于突发事件间相互关系的研究更是鲜见。

（二）突发事件演化机理主要针对一种突发事件

国内外对于这一领域的研究，主要是针对一种突发事件诱因间的耦合及该事件的演化发展过程，如突发公共卫生事件、水污染事件，而对于某一事件与其他关联事件耦合、演化的研究较少，已有的研究成果也只是简单分析了演化的模式，而对于多事件的综合演化机理分析得不够。

（三）跨流域调水应急管理机制不完善

虽然对工程运行风险、突发事件类型及应对措施进行了探讨，但研究的内容大多局限于突发水污染事件，对于其他类型的突发事件研究较少，对于应对突发事件的应急管理机制的研究更是不足。跨流域调水工程由于呈线性分布，工程沿线涉及用水主体及管理主体较多、工程影响范围较广，当发生突发事件时，正常的管理机制难以发挥作用。

针对以上问题，应该从以下方面进行深入研究：

第一，详细总结跨流域调水工程运行过程中可能遇到的突发事件，并找出诱发因素，同时还要根据事件的影响程度及发生频率，对突发事件进行等级划分，从而为研究事件的演化机理及建立应急管理机制奠定基础。

第二，根据统计数据和定性分析找出跨流域调水工程运行过程中影响程度大、发生频率高的突发事件，并详细分析主要事件的发生机理、扩散机理、演化过程；在此基础上，挖掘主要事件间的关系，从而找出事件间的耦合条件、扩散路径与演化模式，并对跨流域调水工程突发事件综合演化阶段进行划分。

第三，结合跨流域调水工程的特点和事件间演化过程，协调各管理主体的利益，构建对应不同演化阶段的动态应急管理机制。

第三节　研究内容及方法

一　研究内容

本书的研究内容主要有以下四个方面：

（一）跨流域调水工程突发事件及诱因分析

将跨流域调水工程突发事件分为工程内部和工程外部突发事件。引起某些事件的共同诱因，主要有工程自身特点、工程运营管理、技术、工程沿线自然和社会环境条件因素。

（二）跨流域调水工程具体突发事件分析

运用动态朴素贝叶斯分析跨流域调水工程明渠水华风险，运用模糊事故树分析跨流域调水工程干渠突发水污染。

（三）跨流域调水工程突发事件应急管理主体间关系及作用分析

运用博弈论重点分析跨流域调水工程突发事件应急管理中各主体的作用及博弈关系；运用演化博弈理论建立中线应急管理主体合作模型。

（四）南水北调中线工程动态协同应急管理机制构建

以南水北调中线工程为例，构建涵盖时间维和空间维的动态协同应急管理机制，并以信息协同为例，对所构建机制进行仿真应用。

二　研究方法

本书的研究方法主要有以下三个方面：

（一）文献研究与工程实际调研相结合

本书参阅国内外相关文献，了解应急管理领域研究的最新进展，充分学习和借鉴应急管理在其他领域的最新研究成果。另外，应面向实践、面向问题进行研究，采用实地调研、专家访谈等形式了解跨流域调水工程应急管理工作的现状及存在的问题，有针对性地开展研究。

（二）学科交叉与数理模型研究相结合

跨流域调水工程突发事件应急管理研究内容涉及水利工程学、系统科学、管理学等多学科领域，本书将探求交叉学科研究方法在跨流域调水工程突发事件应急管理中的具体应用，在此基础上，运用博弈论、动态贝叶斯等方法构建跨流域调水工程突发事件应急管理的相关数理模型。

（三）理论研究与应用研究相结合

从理论角度研究了跨流域调水工程突发事件应急管理，将理论研究成果具体应用到南水北调中线工程突发事件应急管理实践中去，实现以应用研究作为理论研究的基础，用理论研究指导应用研究。

第四节　研究的重点及难点

本书研究的重点及难点主要包括以下三个方面：

（1）如何结合跨流域调水工程的特点，详细分析工程建设和运行中的突发事件，本书在厘清跨流域调水工程可能遇到的突发事件及诱发因素的基础上，以明渠水华和干渠水污染为例重点分析了水华风险和水污染事故树。

（2）厘清应急管理主体间复杂关系是构建应急联动机制的基本条件，跨流域调水工程跨越行政区域多、输水线路长、涉及管理主体多，各主体间的关系错综复杂。本书首先对跨流域调水工程突发事件应急管理参与主体进行了界定，并运用博弈论知识分析了各主体间的关系，最后以南水北调中线为例，详细分析了各主体间的复杂关系，构建了多主体合作系统。

（3）构建协同应急管理机制时，如何充分利用原有管理机制。跨流域调水工程原有管理机制主要职责是应对日常管理，在原有管理机制的基础上，运用协同论知识和多 Agent 知识，先设计组织协同机制，在该框架下再设计信息协同、资源协同，最后实现决策协同。

第二章　相关概念及知识概述

第一节　突发事件概述

一　突发事件的概念

突发事件，是人们对于出乎意料的事件的总称。这种事件通常会造成严重的经济损失、人员的伤亡、环境的破坏，甚至危害国家的政治安全、经济安全、社会安全等。

其实，突发事件这个概念，是人们一种约定俗成的名词，并不规范，所涵盖的时间外延也过于狭窄，因为突发事件对社会的影响不是转瞬即逝，而是会持续一段时间，目前，国外更多地在使用“危机”这个概念。所以，对于突发事件应理解为是突然发生的形成危机的事件，而突然发生的并未形成危机的事件并不能被称为突发事件。

国际上对突发事件有代表性的定义主要有欧洲人权法院对“公共紧急状态”（Public Emergency）的解释，即“一种特别的、迫在眉睫的危机或危险局势，影响全体公民，并对整个社会的正常生活构成威胁”。

突发事件在美国又被称为紧急事件，美国对突发事件的定义大致可以概括为：由美国总统宣布的在任何场合、任何情景下，在美国的任何地方发生的需联邦政府介入，提供补充性援助，以协助州和地方政府挽救生命，确保公共卫生、安全及财产或减轻、转移灾难所带来威胁的重大事件。

国际上对于突发事件这一名词更多使用的是“危机”，并且对于“危机”也有过多种不同的定义，那么什么是危机？事实上危机是一个具有多种含义范畴的名词。“危机”一词来源于希腊语，意为“有利和不利后果之间的转折点”。《辞源》将“危机”解释为潜伏的祸端。《现代汉语词典》对“危机”有两种解释：一是潜伏危险，如危机四伏；二是指严重困难的关头，如经济危机或人才危机。从字面上看，“危机”是“危”和“机”的合成体，所以也可以将危机中的“危”理解为危险、危难，“机”是机遇、机会，也就是说危机虽然意味着危险发生，但往往也蕴含着机遇、机会，危机和机会相辅相成，正如古人所说的“福兮祸所伏，祸兮福所倚”。

从学术界的角度定义危机，有如下几种：赫尔曼（Hermann）认为：“危机是一种情景状态，其决策主体的根本目标受到威胁，在改变决策之前可获得的反应时间很有限，其发生也出乎决策主体的意料。”罗森塔尔（Rosenthal）等认为：“危机就是对一个社会系统的基本价值和行为准则架构产生威胁，并且在时间压力和不确定性极高的情况下，必须对其作出关键决策的事件。”巴顿（Barton）认为：“危机是一个会引起潜在负面影响的具有不确定性的大事件，这种事件及其后果可能对组织及其人员、产品、服务、资产和声誉造成巨大的损害。”国内有学者认为：突发事件指的是危害人民生命、财产、社会安全与稳定的突然爆发的事件，也可以理解为突然发生的事情。其中第一层含义是事件发生、发展的速度很快，出乎意料；第二层含义是事件难以应对，必须采取非常规方法来处理。

根据我国2007年11月1日起施行的《中华人民共和国突发事件应对法》的规定，“突发事件是指突然发生，造成或者可能造成严重社会危害，需要采取应急处置措施予以应对的自然灾害、事故灾难、公共卫生事件和社会安全事件”。根据社会危害程度、影响范围等因素，可将其分为特别重大、重大、较大和一般四级。

二　突发事件的类型及划分方法

突发事件从理论上可以有不同的分类方法。

（1）按照成因分为自然性突发事件、社会性突发事件。自然性突发事件是指由于不可抗拒的自然引起的紧急事件，如火山爆发、地震、洪水、台风等。社会性突发事件是指主要由人为或技术原因造成的突发事件，人为原因，即由于人的故意行为造成的紧急事件，如战争、社会骚乱、恐怖主义等；技术原因，即由于人类的疏忽和错误而造成的紧急事件，如化学品泄漏、核事故、火灾和爆炸、飞机失事、生态失衡等。

（2）按照危害性分为轻度、中度、重度危害。

（3）按照可预测性分为可预测的、不可预测的。

（4）按照可防可控性分为可防可控的、不可防不可控的。

（5）按照影响范围分为地方性、区域性或国家性、世界性或国际性突发事件。地方性突发事件在有限的范围内发生，影响范围小。一般只需当地政府应急处理机构应对，无须外来协助。但当地政府有责任和义务及时向上级报告，以备扩大延伸和恶化时提供援助。

区域性或国家性突发事件。如“非典”、挑战者号、切尔诺贝利核泄漏、李登辉“两国论”、库尔斯克海难、哥伦比亚解体。需中央政府出面调度资源救援处理，也需各省或当地政府积极协调配合。民间资源援助也必不可少。

世界性或国际性突发事件。如“非典”、卢沟桥事件、珍珠港事件、入侵科威特、“9·11”恐怖袭击事件。

（6）2006年1月国务院颁布的《国家突发公共事件总体应急预案》规定，根据突发公共事件的发生过程、性质和机理，突发公共事件主要分为以下四类：

自然灾害。主要包括水旱灾害、气象灾害、地震灾害、地质灾害、海洋灾害、生物灾害和森林草原火灾等，如我国的“5·12”大地震。

事故灾害。主要包括工矿商贸等企业的各类安全事故、交通运输事故、公共设施和设备事故、环境污染和生态破坏事件等，如美国墨西哥湾原油泄漏事件。

公共卫生事件。主要包括传染病疫情、群体性不明原因疾病、食品安全和职业危害、动物疫情以及其他严重影响民众健康和生命安全事件，如2003年的“非典”。

社会安全事件。主要包括恐怖袭击事件、经济安全事件和涉外突发事件等，如“9·11”恐怖袭击事件。

（7）各类突发公共事件按照其性质、严重程度、可控性和影响范围等因素，一般可分为四级：Ⅰ级（特别重大）、Ⅱ级（重大）、Ⅲ级（较大）和Ⅳ级（一般）。对突发事件进行分级，目的是落实应急管理的责任和提高应急处置的效能。Ⅰ级（特别重大）突发事件由国务院负责组织处置，如汶川地震，南方19省雨雪冰冻灾害；Ⅱ级（重大）突发事件由省级政府负责组织处置；Ⅲ级（较大）突发事件由市级政府负责组织处置；Ⅳ级（一般）突发事件由县级政府负责组织处置。国家还制定了专门的分级标准，其中一条共性的、最重要的标准是人员伤亡，死亡30人以上为特别重大，10—30人为重大，3—10人为较大，1—3人为一般。确定时要结合不同类别的突发事件情况和其他标准具体分析。

本书采用《国家突发公共事件总体应急预案》中的分类方法，将突发事件分为自然灾害、事故灾难、公共卫生事件和社会安全事件四大类。

三　突发事件的性质

（一）突发性/紧急性

突发事件往往突如其来，出乎人们意料。因为突发事件是事物内在矛盾由量变到质变的飞跃过程，是通过一定的原因诱发的，诱因具有一定的偶然性和不易发现的隐蔽性，它的表现形式、爆发的时间和发生的地点是人们预先所无法把握的，即突发事件发生的具体时间、实际规模、具体态势和影响深度是难以预测的。因此，要求立刻做出有效的应急反应，在时间的紧迫性上往往刻不容缓。

（二）不确定性

不确定性是指突发事件的发生、时间、地点、方式、爆发程度等都是始料未及、难以准确把握的。主要来源于三方面的因素：有些突发事件由难以控制的客观因素引发；有些爆发于人们的知觉盲区；有些爆发于熟视无睹的细微之处。如此复杂让人无法有效地预测，其变化的规律往往没有经验性的知识可供指导，所以针对它的应急组织必须采取非程序化决策。如美国的“9·11”恐怖袭击事件，就是在短短几小时内发生、发展的。在发生之前，美国的整个国家机器、社会运行机制无法预见或无法准确、有把握地预见，从而无法通过大众传播媒介、国家预警机制等让民众做好防范准备，也是由于突发事件的不可预见性，其产生的影响及后果更加严重、更加广泛，给民众带来的恐慌也更加巨大。

（三）复杂性

突发事件往往是各种矛盾激化的结果，总是呈现出一果多因、相互关联、环环相扣的复杂状态。其具有多变性，处置不当可加大损失、扩大范围，转为政治事件。突发事件防治的组织系统也较为复杂，至少包括中央、省市及有关职能部门、社区三个层次。

（四）破坏性

突发事件除导致大量人员伤亡、巨大的财产损失和影响心理健康外，还危及经济、政治、军事和文化以及社会安定，进而渗透到社会生活的方方面面，许多突发事件还具有后期效应和远期效应。

（五）持续性

整个人类文明进程中突发事件从未停止过。只有通过共同努力最大限度降低突发事件发生的频率和次数，才能减轻其危害程度及对人类造成的负面影响。无数次突发事件使人类开始反思人与自然的关系，人们的思想变得更加成熟，行为更加理性。突发事件一旦爆发，总会持续一段时间，形成一个过程，包括潜伏期、爆发期、高潮期、缓解期、消退期。持续性表现为蔓延性和传导性，一个突发事件经常导致另一个突发事件的发生。

（六）可控性

控制指掌握住使之不超出范围。从系统论看控制是对系统进行调节以克服系统的不确定性，使之达到所需要状态的活动过程，也是人类改造自然、利用自然的重要内容和社会进步的重要标志。

（七）机遇性

突发事件存在机遇或机会，但不会凭空而来，需要付出代价。机遇的出现有客观原因，偶然性之后有必然性和规律性。只有充分发挥人的主观能动性，通过人自身的努力或变革，才能抓住机遇。但突发事件毕竟是人们不愿看到的，不应过分强调其机遇性。是机遇，也需要有忧患意识。

四　突发事件的发展阶段

（一）潜伏期

潜伏期为起始阶段，矛盾已发生量变并逐渐积累，或已发生质变但不明显。突发事件的征兆不断出现，但未造成损害或损害很小。普遍对其缺乏警惕性，习以为常，对逐步的变化适应，难以区分征兆性质。因此需保持清醒头脑和高度警惕，并采取适当行动。

（二）爆发期

该时期时间最短但感觉最长，事件急剧发展和严峻态势出现。事态逐渐升级，引起越来越多媒体的注意，烦忧之事不断干扰正常活动；事态影响社会组织正面形象或团队声誉。对社会冲击危害最大，立即引起社会普遍关注，会产生很强的震撼力。

（三）高潮期

高潮期指从人们可感知突发事件造成的人员物力损失到突发事件无法继续造成明显损失的阶段。这一时期损害达到最高点，突发事件的七大性质非常明显。

（四）缓解期

在此阶段，事件带来的损失慢慢减少，时间长短不一，有形损失易恢复且较快，无形损失恢复需很长时间。初步得到控制，但未得到彻底解决。

（五）消退期

事件得到完全控制，开始恢复生产、重建家园，需加强各种预防知识的宣传。

第二节　应急管理概述

一　应急管理的概念

应急管理是指在应对突发事件时，为了降低突发事件的危害，达到优化决策的目的，基于对突发事件的原因、过程及后果进行分析，有效集成社会各方面的相关资源，对突发事件进行有效预警、控制和处理的过程。我国管理突发事件的部门为应急办，美国为联邦应急管理署，俄罗斯为民防、紧急情况和消除自然灾害后果部（简称紧急情况部）。

应急管理，又称危机管理，是政府和其他公共机构在突发公共事件的事前预防、事发应对、事中处置和善后管理过程中，通过建立必要的应对机制，采取一系列必要措施，保障公众生命财产安全，促进社会和谐、健康发展的有效活动。

二　应急管理的体系

（一）应急管理体系的基本含义

应急管理体系是针对应急管理全过程，从管理的指导思想、基本原则、组织机构、工作程序、方式方法和管理体制、机制、法制等方面所明确的基本要素和系统规定。

突发事件应急体系主要包括：应急管理组织体系、应急管理预案体系、应急管理法律体系、应急管理救援保障体系、应急处置平台体系和应急管理技术支撑体系。

（二）国外应急管理体系

发达国家经过多年探索，大都形成了运行良好的应急管理体制，包括应急管理法规、管理机构、指挥系统、应急队伍、资源保障和信息透明等，形成了比较完善的应急救援系统，并且逐渐向标准化方向发展，使整个应急管理工作更加科学、规范和高效。具体表现在两个方面：一是应急组织体系与机制；二是应急基础与保障措施。尽管各国在应急管理方面都设立了协调有效的专门机构，但由于各国的行政管理体制与法律制度不同，在应急组织管理体系的设置与职能上，也不尽相同，大致可分为两类：一类是建立综合性强的应急管理机构，实行集权化和专业化管理，统一应对和处置危机。代表国家为美国、日本、俄罗斯等。另一类是实行分权化和多元化管理，在应急管理中实行多部门的参与和协作。代表国家为英国、德国、澳大利亚、加拿大等。本书将对具有代表性的美国、日本、澳大利亚和加拿大进行比较分析。

1. 美国的应急管理体系

美国是世界上最为重视应急管理的国家之一，其应急管理体系有两个显著特点：一是组织机构完备、职能明确；二是极其重视预警系统建设。美国政府的应急管理体系主要由以下几个部分构成：

（1）联邦应急管理署（Federal Emergency Management Agency, FEMA）

美国最重要的应急管理机构是联邦应急管理署，1979 年根据卡特总统签署行政命令而成立，由原来分设的多个与灾害处置相关的机构合并而成。它合并了其他相关机构中的联邦保险署、国家消防局、国家气象服务与社区筹备计划署、常务部的联邦筹备处以及住房和城市发展部下属的联邦灾害援助署。在其成立之初，联邦应急管理署经历了处置紧急突发事件的严峻挑战。在此之后，联邦应急管理署开始向一体化的应急管理系统发展，在这个系统中，所有的隐患和突发事件，从小的零散的事件到最高紧急状态的战争，都从指导、控制、预警多个方面建立了处置预案。联邦应急管理署在成立以来的30多年中一直负责开展备灾、防灾、抗灾和灾后重建工作，其职责始终朝着“一个有准备的美国”之目标。“9·11”事件爆发，将应急管理署的注意力吸引到了全国性的防备和国土安全，这对应急管理署也是一次史无前例的检验。

（2）国土安全部

2003年3月，联邦应急管理署与其他22个联邦局、处、办公室一起，加入并组建成立国土安全部。国土安全部积极开展协调一致的措施来加强本土安全，范围从人为的紧急突发事件到自然灾害。原来的联邦应急管理署更名为“应急预防响应局”，成为国土安全部的四个主要分支机构之一。目前有2500名全职雇员，此外还有约5000名预备人员作补充。该局主要职责是通过应急准备、紧急事件预防、应急响应和灾后恢复等全过程的应急管理，领导和支持国家应对各种灾难，保护各种设施，减少人员伤亡和财产损失。国土安全部将应急管理扩展为五个阶段：准备、阻止、回应、重建和缓解，其中缓解贯穿了应急管理的整个过程。

除了处于第一层次的联邦应急机构外，全美各州以及各州管辖的地方政府均设有相应的应急管理办公室，分别处在应急管理组织体系的第二、第三层次。每一层次的管理机构都有一个在非常时期具有相当职权的运行部门——应急运行调度中心。不同层次中心的职能包括：监控潜在各类灾害和恐怖袭击等信息，保持与政府相关部门及社会各界的联系畅通，汇总及分析各类相关信息，下达紧急事务处置指令，并及时反馈应对过程中的各类情况等。

（3）911中心

911中心是美国的城市应急指挥联动系统，核心作用是能实现紧急突发事件处理的全过程跟踪和支持。从突发事件的上报、相关数据的采集、紧急程度的判断、联动指挥到应急现场支持、领导辅助决策，采用统一的指挥调度平台，借助网络、可视电话、无线接入、语音系统等各种高科技通信手段，在最短时间内调动公安、消防、环保、急救、交警等不同部门、不同警区的警力协同作战，对突发事件做出有序、快速、高效的反应。

911 是美国电话电报公司开通的全国范围统一的紧急求救电话号码。美国一共有 6177 个 911 中心，99% 的美国人口和 96% 的国土面积可以接收到 911 中心的服务。全国每年拨打 911 电话的总量大约为 2 亿次，可见 911 在美国人日常生活中起着十分重要的作用。可呼叫 911 求助的紧急事件主要有：正在进行的犯罪或刚发生的犯罪；可疑的犯罪活动或行为；械斗或暴力事件；自杀企图；各种火灾；交通事故；需要医疗急救。911 中心接到求救电话后，会询问紧急事件的相关情况，根据紧急情况统一出警、统一派警。美国 911 中心拥有先进的技术设备，在接通电话的同时，系统调度员的计算机终端就会立即显示出呼叫人的地址和电话，警察和消防部门可以迅速做出行动。

（4）完善的教育、培训机制

西方发达国家非常重视通过教育、培训及演练，培养社会的危机防范意识和民众应急反应能力，并使其经常化、制度化和法定化。日常的情况训练和危机应对演习，对于提高应急管理效率、减少危机带来的损失、提高政府的威信都具有不可估量的作用。美国政府非常重视消防教育训练，美国各大中小城市均设有消防训练中心，内部设备完善，有高塔训练、高楼救生训练场所、烟雾试验室、危险物品贮藏实体区、水中救溺训练池等模拟救灾实际情景的训练场所。这种训练中心同消防建制相结合，不仅对消防长官、队员进行训练，还向工厂、学校、市民开放。

在全社会树立正确的危机防范意识，并通过培训提高民众的应急反应能力，是形成完善的应急管理体系的重要环节，它不仅能在灾害发生时减少损失，减轻社会震荡，而且对于顺利开展灾后重建也同样具有重要的、积极的作用。

（5）相关法律、法规

美国适用于应急管理的法律、法规、法案很多，除了《国际安全法》以外，最重要的就是《全国紧急状态法》和《反恐怖主义法》,《全国紧急状态法》于1976年经国会通过，该法对紧急状态的颁布程序、颁布方式、终止方式、紧急状态的期限以及紧急状态期间的权力做了详细规定。根据该法规定，当出现联邦法规定的可宣布紧急状态的情况时，总统有权宣布全国紧急状态，在紧急状态期间，总统可以行使特别权力。2001年以来布什总统先后两次宣布全国进入紧急状态，一次是针对伊拉克，另一次是针对“9·11”恐怖袭击事件。美国各州都有州紧急状态法，州长和市长有权根据法律宣布该州或市进入紧急状态，如2001年4月21日，美国俄亥俄州辛辛那提市因黑人抗议警察暴力而进入紧急状态。州或市有时可能因为一场恶劣的天气，如暴风雪、飓风而进入紧急状态。除了拥有完备的应急管理机构、法律法规外，美国政府还把应急预警看作是控制突发事件事态扩大的有效手段。以防范突发公共卫生事件为例，美国组建了国家应急行动中心、电子网络疾病监测报告系统、大都市症状监测系统以及临床公共卫生沟通系统四个层次的防范系统，其中电子网络疾病监测报告系统按疾病设立了不同的报告系统，可以对普通传染病、艾滋病、结核病以及曾经流行的“非典”等进行全面的监控。当公共卫生领域一有风吹草动，整个预警系统就会迅速展开行动，尽早发现疾病暴发的先兆，赢得宝贵的时间准备应对。

应急管理是一项综合性工程，美国政府在应急法制建设、应急资源保障、应急信息系统开发与应用、应急教育和培训等方面走在了世界的前列，具备全球领先的应急管理能力。

2. 日本的应急管理体系

日本应急管理体系的特点为：一是建立了完善的应急法律法规体系；二是特别重视灾害防范的研究工作；三是重视应急通信系统的建设和运用。

日本中央防灾会议（Centre Disaster Management Council）是综合防灾工作的最高决策机关，会长由内阁总理大臣担任，下设专门委员会和事务局。中央防灾会议的办公室（事务局）是1984年在国土厅成立的防灾局，局长由国土厅政务次官担任，副局长由国土厅防灾局局长及消防厅次长担任。各都、道、府、县也由地方最高行政长官挂帅，成立地方防灾会议（委员会），由地方政府的防灾局等相应行政机关来推进地震对策的实施。许多地区、市、町、村（基层）一般也有防灾会议，管理地方的防灾工作。各级政府防灾管理部门职责任务明确，人员机构健全，工作内容丰富，工作程序清楚。

日本是重灾大国，它的第一部防灾法可以追溯到1880年，日本也是全球较早制定灾害管理基本法的国家。目前日本拥有各类防灾减灾法律50多部，其中最具代表性的是1947年制定的《灾害救助法》和1961年制定的《灾害对策基本法》。日本的应急管理可谓“立法先行”，相关的法律法规极为完善。日本的防灾减灾法律体系是一个以《灾害对策基本法》为龙头的相当庞大的体系。根据灾害阶段，按照法律的内容和性质，可以将它们分成基本法、灾害预防和防灾规划相关法、灾害应急相关法、灾后恢复和重建相关法四大类型。按照日本《防灾白皮书》的分类，这一体系共由52部法律构成，其中属于基本法的有《灾害对策基本法》等6部，与防灾直接相关的有《河川法》《海岸法》等15部，属于灾害应急对策法的有《消防法》《水防法》《灾害救助法》（1947年制定）3部，与灾害发生后的恢复重建及财政金融措施直接相关的有《关于应对重大灾害的特别财政援助的法律》《公共土木设施灾害重建工程费国库负担法》等24部，与防灾机构设置有关的有《消防法》等4部（如表2－1所示）。

为了尽可能减少各种灾害带来的损失，日本政府特别重视灾害防范的研究工作，每年投入约400亿日元的专项科技研究经费，大力促进应急科学技术的研究。日本的防灾科学技术研究所、东京大学地震研究所、京都大学防灾研究所都是世界著名的防灾科技研究机构，在一般灾害共通事项的研究、震灾对策研究、风水灾害对策

表 2-1　　日本防灾应急法规体系

<table>
<tr><th>灾害阶段
灾害种类</th><th>灾害预防和防灾规划相关法</th><th>灾害应急相关法</th><th>灾后恢复和重建相关法</th></tr>
<tr><td colspan="4">灾害对策基本法</td></tr>
<tr><td>地震</td><td>◆大规模地震对策特别法
◆地震财产特别法
◆地震防灾对策特别措施法
◆建筑物抗震改进促进相关法
◆推进密集街区防灾街区建设的相关法律</td><td rowspan="6">◆灾害救助法
◆自卫队法
◆警察法
◆消防法</td><td rowspan="6">◆灾害慰问金的支给相关法律
◆灾民生活重建志愿法
◆天灾融资法
◆公共土木设施灾后恢复事业费用国库补助的暂行措施等相关法律
◆农林水产设施等灾后恢复事业费用国库补助的暂行措施等相关法律
◆农业灾害补偿法
◆农业协同组合法
◆受灾者生活再建设支援法
◆地震保险相关法律
◆台风常袭地带灾害防止相关特别法
◆森林国营保险法
◆森林组织会法</td></tr>
<tr><td>火山</td><td>◆活火山对策特别措施法</td></tr>
<tr><td>风水灾</td><td>◆防洪法（河流法）</td></tr>
<tr><td>滑坡、
泥石流、
崩塌</td><td>◆防砂法
◆森林法
◆特殊土壤地带灾害防止及振兴临时措施法
◆滑坡防止法
◆治山、治水紧急措施法
◆崩塌等灾害防止相关法律
◆土砂灾害警戒区域土砂灾害防止对策的推进相关法</td></tr>
<tr><td>雪灾</td><td>◆大雪地带对策特别措施法</td></tr>
<tr><td colspan="2">◆因防灾需要集体迁移促进事业相关的国家财政上的特别措施等相关法律</td></tr>
</table>

研究、火山灾害对策研究、雪灾对策研究、火灾对策研究、危险物灾害对策研究方面均处于国际领先水平。另外，日本的不少高校开设有“危机管理”专业，专门培养高层次的防灾救灾、应急管理等方面的人才。

日本政府还十分重视应急通信系统的建设和运用。2003 年 3 月，日本中央防灾会议通过了《关于完善防灾信息体系的基本方针》，为应急信息体系建设提供重要的指导。除了已有的比较完善的气象防灾信息、流域信息系统、道路灾害信息系统以及覆盖全国的“中央灾害管理无线广播通信系统”等以外，政府与政府、政府与公民、政府与企业的应急电子政务系统也已开始应用，在应急管理中发挥出了不可替代的作用。

3. 澳大利亚的应急管理体系

澳大利亚应急管理体系的特点为：一是建立了层次分明、职责明确的政府应急管理体系；二是建立了有效的应急资金管理体系。

澳大利亚在1993年1月成立了应急管理署（EMA）。它的使命是“减少灾害和突发公共事件对澳大利亚及其区域内的影响”。应急管理署是国防部的直属机构，直接对联邦政府的国防部长负责，并在联邦政府层面负责对灾难应急的协调。EMA负责协调处理所有类型的灾害，包括自然的、人为的、技术的或是战争（民防）的。如果发生了上述事故或灾害，EMA将承担起抗灾救灾的任务。在灾害的预防、准备、响应和恢复方面，EMA是通过一系列的州和地区在训练、响应、计划、装备、志愿人员等方面的援助计划来实现的。

澳大利亚设立了一套三个层次承担不同职责的政府应急管理体系：①联邦政府层面。联邦政府通过顾问安排、承担领导角色等途径，为州和地区经历的主要灾害提供物资和财政援助。②州和地区政府层面。六个州和两个地区则为保护生命、财产和环境安全承担主要责任，各州和地区通过立法、建立委员会机构以及提升警务、消防、救护、应急服务、健康福利机构等各方面的能力来实现这一目标。③社区层面。澳大利亚全国范围内约有700个社区，它们虽然不直接控制灾害响应机构，但其必须在灾难预防、缓解以及为救灾计划进行协调等方面承担责任。

澳大利亚应急管理署的事故和灾害应急计划要求联邦政府、州和地方政府的各级部门均有责任保护其公民的生命和财产安全。其通过以下几方面有效地实施对事故和灾害的预防、准备、响应和进行灾后恢复和重建。

（1）社团和有关机构执行的具有法律效力的应急计划。

（2）提供警察、消防、救护、医疗和医院等应急服务。

（3）为公众提供服务的政府和法定机构。

由于地方政府部门和志愿组织与其所服务的公众紧密联系，因此它们起到了重要的作用。联邦政府的任务是向州和地区在提高它们处理紧急事件和灾害的能力上提供指导和帮助，并向在紧急事件中州或地区需要帮助时提供物资援助。

EMA 的职责是：

（1）使国家应急管理的政策和安排正规化，并得到改进。

（2）提供国家应急管理援助。

（3）提供应急管理的教育，培训并负责应急研究。

（4）提供并改进事故和灾害预知信息。

（5）建立、协调并协助应急管理计划。

（6）和联邦政府有关部门合作提供应急援助物资。

（7）改进并提高国家民防能力。

（8）作为澳大利亚国际发展协作局（AIDAB）的代表，协助进行灾后物资和技术援助。

（9）在澳大利亚的有关地区协助开展应对灾害的准备工作。

澳大利亚拥有完善的应急资金管理体系。在应急资金管理方面，在国家“自然灾害消除安排”（NDRA）的框架下，联邦政府为各州和地区提供资金援助，旨在减轻用于救灾和恢复重建的资金负担。不过，联邦政府的救灾和重建资金只是在灾害发生后按实际情况进行发放。这一框架有效地保证了州和地区用于救灾和重建的开支可以按比例得到联邦政府的补偿。联邦政府还直接向受灾的个人提供资金援助，社会安全部负责向符合条件的申请者进行补助发放，并负责提供信息和咨询服务等，让公众直接得到联邦政府的救助。

4. 加拿大的应急管理体系

经历了1979年核泄漏、1998年冰暴、2020年计算机病毒、2001年“9·11”事件、2003年SARS及“8·14美加大停电事件”后，20世纪60年代始建应急管理机构的加拿大，对应急管理工作越来越重视，经过多年的探索和演变，已形成了一套相对完善、行之有效的应急系统。

（1）应急管理体制

加拿大是一个联邦议会制国家，政府分为联邦政府、省政府和市政府三级。加拿大应急管理体制分为联邦、省和市三级，实行分级管理。在联邦一级，专门设置了应急管理办公室，隶属于国防部。另外，联邦政府中涉及应急管理的部门有渔业和海洋部、农业和食品部、海岸警卫署、食品检验署、环境部、卫生部、全国紧急救护秘书处、公共安全部、皇家骑警、运输部等多个部门。省和市两级管理机构的设置因地制宜，单独或合并视情况而定。各级应急事务机构负责紧急事件的处理，负责减灾管理和救灾指挥协调工作，监督并检查各部门的应急方案，组织训练并实施救援，如安大略省，专门设立了应急管理署，与警察、监狱、消防一起隶属于省社区安全与劳教厅。各级应急管理部门下设应急管理中心，根据突发事件的不同种类，中心可隶属于任何一个部门，在该部门的组织下负责协调应急救援工作，如发生火灾由消防部门负责，发生交通事故由交管部门负责，加拿大还专门组建了公务员编制的应急救援人员队伍。

（2）应急管理机制

加拿大政府应急管理的途径包括：三级政府都有专门的机构综合负责；三级政府各部门有其专业协调人员；各级政府都有警察日夜巡逻和保护；地方救护和消防队员时刻严阵以待；各地有报告突发事件和危机的紧急电话；媒体网络及时通报突发事件和危机情况；各单位都有处理突发事件和危机的防备；全民教育时刻准备及时报告和处理。经过多年的实践和探讨，加拿大在应急方面形成了一套行之有效的工作机制，其主要特点是：①接报系统统一高效。加拿大政府将电话设为覆盖全国的突发事件接报电话，平时由警察负责管理。各地突发事件管理中心都与电话接警中心相通。当接到报警后，警察、消防员和医疗救护人员同时赶赴现场，现场有总指挥。当现场指挥认为事件严重难以控制时，便会报告应急管理中心，请求上级协助处置或支援。②各级之间分工协作。加拿大的资源主要掌握在各省手里，所以公共安全事件和公共秩序事件一般由各省、市负责处理，必要时联邦政府予以协助。国际事件和战争事件则由联邦政府负责处理，各省配合支持。省、市突发事件管理部门有一个由政府官员和专家组成的事件评估小组，负责评估突发事件的危害程度，提出是按预定计划处置，还是报上一级政府或是宣布本地区进入紧急状态的实施建议。③部门之间协同配合、各司其职。在处理突发事件过程中，应急管理中心负责人根据事件危害的严重程度来确定进入中心工作的官员数量。如发生一般事件，由几个与所发生事件主要相关政府部门的官员共同协调解决；如发生严重事件，所有相关政府部门负责应急的官员都集中到中心来研究决定应对问题。应急管理中心的计划部门向管理中心通报现场分析研究结果，并指导救援现场的行动物资保障部门协调解决人力、食品、衣物和救援设备；财务部门负责提供资金，统计、记录救援行动中各项开支和社会各界捐助，并提出事后的支付、赔偿处理意见。另外，加拿大政府鼓励城市之间签订互援互助协议，一旦发生意外，可以得到其他城市的援助。④信息发布真实及时。加拿大政府对于灾情的发布坚持由一个专门部门对外发布的原则，并注重及时让公众知晓真实灾情。如安大略省应急管理署专门设立了联合信息中心，负责向媒体、公众发布相关灾害信息，事前向媒体介绍已做的准备，事中指导大家有条不紊地应对突发事件，保证公众及时、不间断地获得灾害的各种信息。这样做既可消除因谣言扩散而在社会上产生的不必要的恐慌，又可减少媒体报道失实情况的发生，为把各类灾害造成的损失降至最低程度争取宝贵时间。

（3）应急管理政策与法制保障

加拿大有完善的应急管理法律体系。在联邦范围内，有关应急的法律有《公共安全法》《应急法》《应急管理法》《应急准备法》《现代化应急准备法》《能源供应应急法》《火灾防御法》《森林火灾防御法》《环境保护法》等，对各类应急管理事务做出了明确详细的规定。各级政府还根据实际情况，制定了各自的应急管理法规。通过立法的形式，设立专门机构，健全各类法规，培训救援队伍，划拨必要经费，以此来保证应急减灾工作的正常开展。这些法律法规涉及面广，内容详细具体，易于现实中的操作。如安大略省有专门的《应急管理与居民保护法案》及有关具体的规章条例，其主要内容包括：确认主要的灾害源及风险评估；确认主要的总协调源；成立应急委员会及其例会制度；有主要的突发事件应急预案；应急预案由应急中心运作；每年的培训日；每年的演练日；信息发布。

（4）应急管理的预防措施

加拿大十分强调应急全过程管理，他们把整个应急工作分为预防及减少灾害发生、预普和预案、随时应对反应、灾后恢复四大部分，而且更加重视预防及减少灾害发生这种基础性工作，基本形成了预防为主、防救并重的应急工作格局。预防工作主要体现在四个方面：一是确定灾害和风险评估。省政府依据科学，跟踪历史，查找档案，确定主要的灾害源。灾害源确定后，再根据灾害可能发生的频率及灾害程度给予打分，制出表格，找出需重点防范的灾害。二是列出最重要的基础设施名单，予以重点保护。对于涉及各系统进行联络的情况，一定要有应急备用设施，如电话、供水、供电等。三是制定应急预案。各级政府及其主要部门从实际出发，针对本地区可能发生的各种灾害，都制定了本地区本部门突发事件应急预案和实施计划。政府部门、企事业单位及居民都能按照法律、法规所规定的权利和义务规范自己的行为。四是开展公众教育项目。加拿大政府通过多种渠道进行广泛充分的宣传，强化民众的应急救灾意识，每年 3 月的第一周，政府举行应急预案周活动，向公众散发自助手册、建立信息亭和进行信息交流，以增强公众对应急预案的关注。政府减灾管理部门或非政府社会团体也经常组织减灾公众教育宣传活动，从内容到形式都比较贴近生活、贴近实际。家庭、学校以及社会公共组织经常对幼儿和青少年开展形式多样的逃生救护教育。各级政府及部门都有应急培训方案和应急演练，政府官员及工作人员要参加培训和演练。

（三）我国的应急管理体系

我国突发事件应急管理体系的核心内容是“一案三制”。所谓“一案三制”，是指构成应急管理的本质要素的应急预案、应急管理体制、应急管理机制和应急管理法制（预案、体制、机制、法制）。其中，应急预案是基础，是重中之重。

应急预案是应对突发事件的应急行动方案，是各级人民政府及其有关部门应对突发事件的计划和步骤，也是一项制度保障。预案具有同等法律文件的效力，比如，国务院的总体预案与行政法规具有同等效力，国务院部门的专项预案与部门规章具有同等效力，省级人民政府的预案与省级政府规章具有同等效力。

制定、修订应急预案是加强应急体系建设的基础性工作和首要任务。应急预案要明确回答突发事件事前、事发、事中、事后谁来做、怎样做、做什么、何时做、用什么资源做。因此，应急预案的制定和修订是一个不断总结经验教训，不断查找薄弱环节，不断拓宽视野、改进工作、与时俱进的过程。它把应对突发事件的成功做法规范化、制度化，明确今后如何预防和处理突发事件。依据不同的责任主体，我国应急预案体系框架包括五个层次：①国家突发公共事件总体应急预案；②国家级专项预案（25 件）；③国务院部门预案（80 件）；④省级及地方政府制定的应急预案；⑤企事业单位制定的应急预案以及举办大型会议、展览和文体等重大活动的主办单位制定的应急预案。

应急预案应明确“八个要素”的内容：①应急组织机构与职

责；②监测与预警；③信息的收集、分析、报告和通报；④应急处置技术和监测机构及其任务；⑤应急处置的工作方案，包括指挥协调、人员撤离、紧急避难场所、医疗救治、疫病控制、新闻发布等；⑥应急设施、设备、通信、交通、技术、医疗、治安、资金和社会动员保障等；⑦应急处置专业队伍的建设和培训，包括演练等；⑧善后恢复，科学评估。

三 应急管理的机制

（一）应急管理机制的内涵

突发事件应急管理机制，是指针对突发事件而建立的国家统一领导、综合协调、分类管理、分级负责、属地为主的应急管理体制，是一套集预防与应急准备、监测与预警、应急处置与救援等于一体的应急体系和工作机制，它包括信息披露机制、应急决策机制、处理协调机制、善后处理机制等。

突发事件应急管理实行预防与应急并重、常态与非常态结合的原则，建立统一高效的应急信息平台，组建精干实用的专业应急救援队伍，健全应急预案体系，完善应急管理法律法规，加强应急管理宣传教育，提高公众参与和自救能力，实现社会预警、社会动员、快速反应、应急处置的整体联动，完善安全生产体制机制、法律法规和政策措施，尽量消除重大突发事件风险隐患，最大限度地减轻重大突发事件的影响。

（二）国外应急管理机制

为应对各种突发公共事件，美国、加拿大和意大利等国都建立了比较完备的应急机制，这些国家的应急管理模式在国际社会都处于领先地位，许多方面值得我们学习和借鉴。它们的应急管理机制建设对中国有许多重要启示：建立协调一致、有序高效的指挥系统，是有效应对突发公共危机的重要基础；快速救援的机制建设，是有效应对突发公共危机的关键环节；促使全社会高度关注、共同参与，是有效应对突发公共危机的根本保证。

进入21世纪以后，虽然和平与发展依然是当今世界的主题，但就某些国家和局部区域而言，仍面临着十分严峻的和平与安全的挑战。“非典”、禽流感、恐怖活动、印度洋海啸和飓风等灾难，给人类和平与安全造成了严重威胁。联合国与世界各国一同为全球安全减灾和应对各类紧急突发公共事件做出了不懈的努力，“国际减灾十年”（1990—2000）大规模行动取得了明显的成效，全球已有140多个国家和地区成立了国家减灾委员会，继续推进“国际减灾战略”行动，以减轻自然、人为和技术灾害。目前，世界各国政府都在迅速采取行动，预防和应对突发公共事件，美国、加拿大、意大利等国已经建立了比较完备的紧急事件响应模式，值得我们借鉴和学习。

1. 美国突发事件应急管理的主要机制与特点

美国是当代应急体制建设的典型代表。目前，美国形成了以联邦应急计划为法律基础，总统直接领导，联邦应急事务管理总署等核心机构协同运作的危机管理体系。综观该体制，应对突发事件的措施主要有美国国家突发事件管理系统及国家应急预案。国家突发事件管理系统（NIMS）是一个应急管理方法的模板性文件，该系统将近年来行之有效的突发事件管理经验进行整合，形成一套全面的结构框架，为全国的突发事件管理部门提供应对各类危机的现成机制，使得全国各级政府、私营及非政府组织在危机预防、应急准备、事故处置、事后恢复等方面协调一致、通力合作。国家应急预案（NRF）是针对各种紧急情况做出应急反应的行动指南，专为政府执行部门、私营机构、非政府组织领导人和从事应急管理的实际工作人员制定。该预案突出“未雨绸缪，防患未然”的理念，把应急管理划分为四个阶段，即缓解、准备、响应、恢复。第一，缓解阶段。通过建设防洪、防震、排污、减噪等防护工程和设施，鼓励国民、企业等积极参加各项保险，把灾害损失降到最低。第二，准备阶段。该阶段通过制订应急预案，定期开展突发事件的应急培训、演练，建立应急通信信息系统，起到预防在先、提前准备的作用，大大提高了突发事件的预测、预报效率，增强防灾能力。第三，响应阶段。应急事件发生后，由联邦政府、州政府和地方政府的应急运行调度中心连续监控潜在灾害和紧急事件，并尽早启动区域运作中心。第四，恢复阶段。突发事件结束后，由联邦和州政府相关机构与灾区办公室共同确定最佳减缓措施，尽可能修复或重建受损的设施。行动结束后，联邦协调官负责就突发事件具体问题做出总结报告，并提交国土安全部管理层，供日后参考。

美国突发事件应急机制的特点可以归结为：①组织机构完备，职能明确。②极其重视预警系统建设。在各个领域内都设立了与本领域相适应的预警系统。③应急管理法律法规不仅完善，而且详尽。④应急处置物资和技术系统支撑强大。

2. 日本突发事件应急管理的主要机制与特点

鉴于日本在灾害应对方面有宝贵的经验，这里我们主要介绍它在自然灾害应急方面的主要机制和特点。日本是一个灾害频发的国家，为了有效地应对各种自然灾害、人为的突发事件，日本建立了一套以内阁府为中枢，通过中央防灾会议决策，突发事件牵头部门相对集中管理的应急体制，实行中央、都（道、府、县）、市（町、村）三级防救灾应急组织管理体系。日本从灾害预防、灾害应急对策以及灾后恢复和重建三个方面入手，建立了较为完善的灾害应急体系，下面我们从这三个方面介绍其主要的应急机制。在灾害预防上，为了准确地利用预警信息，日本气象厅建立了一个连接国家和地方政府灾害管理机构和媒体组织的在线系统，灾害管理组织也开发建立了一个专门用于灾害的无线通信网络：中央防灾无线网络连接国家组织；消防防灾无线网络连接全国各地的消防组织；都（道、府、县）和市（町、村）防灾无线网络连接地方灾害管理和居民。在灾害应急对策上，中央政府每天24小时在内阁情报中心收集灾害信息，在发生大规模灾害时，由各个独立的中央省厅机关负责人组成的指定的应急响应队立即会集到首相官邸的危机管理中心，以掌握和分析灾情信息，并报告给首相。根据灾害损失的程度，政府可能成立重大灾害对策总部（防灾担当大臣担任总指挥）

或经济灾害对策总部（首相担任总指挥）。另外，由防灾担当大臣领导的政府调查团会被派遣，或者现场灾害对策总部也可以随时组建起来。在灾后恢复和重建上，日本特别重视灾害受害者的生活保障制度，其中包括灾后恢复项目，如灾害救济贷款、灾害补偿和保险、税收减免、税收转移和发行债券、“极端严重灾害”的认定、重建计划的救援、对受灾者提供生计恢复援助等。

综上所述，日本应急管理机制的特点有：①形成了以首相为核心的全政府管理组织体制，该体制包括首相召集的中央防灾会议与安全保障会议以及负责协调与实施具体措施的内阁官房。这种统一归口管理的方式，不但有利于整合人、财、物等资源，而且彻底改变了过去各省厅在危机处理中各自为政、相互保留所获情报、纵向分割行政的局面。②政府、地方、民众多层次的防灾制度体系。日本政府应急机构的职权划分十分清晰。日本通过法律途径明确多级政府间建立的应急责任，有利于发挥各级政府的主动性，多级快速应对危机；有利于形成强有力的危机响应机制，防止行政不为与依赖现象的发生。③完善的法律体系。主要包括灾害管理基本法体系，灾害预防法体系，灾害应急法律体系，灾后恢复、重建及财政金融法律体系。

3. 国外应急管理机制的总体特点

各国体制虽然各不相同，却有共同的特点和发展趋势：最高层政府机构作为应急管理的决策核心；统一指挥、加强协同是应急管理体制建设中的重点；自上而下地逐步建立和完善各级政府的应急管理机构；应急管理工作被纳入政府管理职责，职能在常态和非常态间灵活转换；适时提升和强化该机构的地位和权力；及时调整该机构的模式和职能。

近年来，各国应急管理发展总体态势有以下几个特点：由单项应急向综合应急管理转变；由单纯应急向危机全过程管理转变；由应急处置向加强预防转变。同时，政府、企业、社团组织和个人在危机全过程管理中都有明确的责任。在进行新的资源整合和体制整合中，最关键的是完善政府应急管理体制建设。虽然各国应急管理体制大不相同，但却有一些共同的特点和发展趋势。

（1）最高层政府机构为应急管理的决策核心

当前，公民的安全观和价值观发生了深刻的变化，政府的公共安全保障和应急管理的目标，不再局限于保护公民的生命和财产，更涉及维护政府的执政能力、运行功能和公信力等。在1994年日本东京地铁沙林恐怖事件、2005年美国的“卡特里娜”飓风等突发事件中，由于政府处理乏力，引起公民强烈不满，导致发生“政府威信危机”。由此，应急管理逐渐成为西方国家的重要政治议题，各国都把应急管理作为政府管理职能的一个重要内容，均由行政首长担任最高指挥官和最终决策者，以及一个高层政府机构作为应急管理的决策核心。如美国危机管理体制是一个以总统为核心，以国家安全委员会为决策中枢，由国会负责监督的综合性、动态组织体系。俄罗斯、日本也都是由总统或内阁首相作为应急管理的最高指挥官。

（2）统一指挥、加强协同是应急管理体制建设中的重点

尽管由于国情不同，各国采用的应急管理模式各具特色，但建立统一指挥、协同有序的应急管理机制，是各国应急管理体制共同的追求目标。关键是在一个核心枢纽机构的指挥协调下，各机构和部门纵向能对接、横向能联动。也就是注重地方应急管理系统与中央应急管理系统的对接，本地、本部门应急管理系统与其他部门应急管理系统的联动。

以美国为例，在近百年的发展中，美国在危机管理方面遵循的基本理念是：出现一种危机，出台一部法案政策，同时由一个主要的联邦机构负责管理。随着新危机的产生和新情况的出现，各种法律及其监督或实施机构越来越多，在救助的过程中有多达上百个机构参与。到了20世纪，美国政府先后公布了100多个法律对飓风、地震、洪涝和其他自然灾害实施救助的措施。这种撞击式被动应急反应模式，以及应急管理职能的碎片化状态在现实执行中的弊端日

益凸显，严重影响了联邦政府对危机的集中管理，尤其是当危机涉及众多的政府处理部门时，大大增加了减灾工作的复杂性。为此，1979 年美国将处理危机和有救灾责任的联邦机构重新组合，成立了联邦应急管理署（FEMA），建立了一个包含指挥、控制和预警功能的综合突发事件管理系统。这是一个强化集中的过程，使分散的针对性立法和分散的突发事件管理转化成集中管理。2002 年 11 月，美国又合并了海岸警卫队、移民局及海关总署等 22 个联邦机构，成立了国土安全部，将反恐与救灾的力量进行了整合。

在协同有序和考虑各机构利益方面，英国的“金、银、铜”三级处置方式很有特点，三个层级的组成人员和职责分工各不相同，通过逐级下达命令的方式共同构成一个高效的应急处置工作系统。事件发生后，“铜级”处置人员首先到达现场，指挥官需立即对情况进行评估，如果事件超出本部门处置能力，需要其他部门的协调时，他需立即向上级报告，按照预案立即启动“银级”处置机制，如果事件影响范围较大，需要启动“金级”处置机制；“金、银、铜”三级处置机制有效保证了处置命令在战略、战术以及操作层面都能得到有效的贯彻实施，形成了分工明确、协调有序的工作局面。

（3）自上而下地逐步建立和完善各级政府的应急管理机构

从中央到地方，逐步建立不同级别的，专职专人的，具有综合性、协同性的管理职能机构，是各国应急管理的一个发展趋势。

在中央政府机构体系中，一般设有专职的常设应急管理机构。为了保障应急机构的综合协调能力、信息快速汇总以及权威性和执行力度，常设机构一般设立在内阁办公室内。在隶属关系上，一般遵照效率原则。应急管理常设机构直接对行政首长负责，有独立的编制、行政经费和专项预算。如 2001 年 7 月，英国政府在内阁办公室设立了国民紧急事务秘书处（CCS）。该秘书处为办理应急管理事务的常设机构，目前有 85 名编制，下设“三部一院”，即评估部、行动部、政策部和紧急事务规划学院。

美国在联邦政府层面，由国土安全部负责日常的危机管理工作。在地方层面，各州一般都设有应急管理中心。然而地方政府的应急系统并不是都以一个组织实体存在，许多地方建立的仅是一个组织框架。这种状况的主要原因是地方政府没有财力去支持一个可能10年之内也不会启用的部门，但是这种组织框架可以确保一旦危机事件发生，应急系统可以马上运转，发挥各个组成部分的作用。

俄罗斯除成立紧急状态部外，在纵向上，俄联邦、联邦主体（州、直辖市、共和国、边疆区等）、城市和基层村镇四级政府设置了垂直领导紧急状态机构。同时，为加强应急管理机构的权威性和中央的统一领导，在俄联邦和联邦主体之间设立了六个区域中心，每个区域中心管理下属的联邦主体紧急状态局，全国形成了五级应急管理机构逐级负责的垂直管理模式。

日本改变了传统上以防灾部门和卫生健康部门为主的分立管理方式，以内阁府为中枢，采取了整个政府集中应对的一元化管理体制。在纵向上，实行中央、都（道、府、县）、市（町、村）三级防救灾组织管理，建立了加强横向和纵向的协调，以及各省、厅分工合作的应急机制。

（4）应急管理工作被纳入政府管理职责，职能在常态和非常态间灵活转换

目前，各国政府都将应急管理作为政府的重要公共职责。在应急管理运行中，考虑运作模式的低成本高效率，注重常态与非常态的有机结合和灵活转换。

在常态下，应急管理机构的职能包括负责制定应急管理规划，进行应急物资及装备储备，加强对风险的监测和预防，组织应急管理人才培训，开展应急演习等；在危机状态下，应急管理机构的职能主要是制订应对方案，协调各相关部门、机构的应急处置等。以英国国民紧急事务秘书处（CCS）为例，该秘书处的宗旨是“通过协调政府内外各方，在危机的预见、预防、准备和解决方面提高英国应对突发挑战的能力”。其职能包括：一是负责应急管理体系规

划和物资、装备、演习等应急准备工作；二是对风险和危机进行评估，分析危机发生的概率和发展趋势，确保预防和控制灾难的规划和措施发挥效应；三是在危机发生后，确定“领导政府部门”名单以及是否启动最高核心决策机制（COBR），制订应对方案，协调各相关部门、机构的应急处置；四是对应对工作进行评估，从战略层面提出改进意见，协调推动应急管理立法工作；五是负责组织应急管理人才培训。

（5）适时提升和强化应急管理机构的地位和权力

应急管理机构的重要职责之一是在应急状态下进行非程序化的决策和协调处置。因此，为保证高效权威运作，机构具备的处置权和地位随着常态和非常态适时进行动态调整。在危机状态下，应急机构的地位和权限将大大增强。如美国联邦应急管理署（FEMA）在“9·11”事件后虽被并入美国国土安全部作为该部的“突发事件准备局”（EPR），但是其在美国危机管理的制度体系内仍然占有重要地位。在紧急状态下突发事件准备局可以提升为内阁级别，它的部门主要负责人可以与国土安全部部长一起列席总统主持的国家安全会议。

为了加强内阁总理在危机管理中的指挥权，日本政府修改了“内阁法”，大大提升了发生危机时，总理能够迅速制定出应急对策、指挥全国应对危机的权限。

俄罗斯危机管理系统的最大特色在于俄罗斯的所有强力部门都直接由总统领导。这些强力部门包括国防部、外交部、对外情报局、联邦安全局、联邦保卫局、紧急状态部，等等。普京执政之后，强力部门在国家政治生活中的地位进一步上升，进行危机管理的权力进一步增强。

（6）及时调整应急管理机构的模式和职能

由于环境、社会以及科学技术的不断发展，危机发生的形态难以预料。各国的应急管理体制顺应形势发展的需求，在不断总结经验教训的基础上，也在不断调整完善。以美国为例，1979 年，美国为了解决缺少全国统一的综合性应急政策，提高处置突发公共事件的效率等问题，成立了应急管理署（FEMA），其具有双重职能：一是灾害救援、预防与减缓；二是应对当时可能来自苏联的核打击。

“9·11”事件后，美国政府意识到，FEMA虽然具有丰富的应急管理经验，但缺乏应对恐怖主义，特别是核恐怖、生化恐怖等所必需的资源、技术与实力。为了有效打击恐怖主义，2002年11月，美国总统布什签署了《2002年国土安全法》，批准成立国土安全部，正式启动50多年来规模最大的政府改组计划，将FEMA整建制并入其中，转为该部的“突发事件准备局”（EPR）。

在职能方面，国土安全部把突发事件管理与国家安全保障更加紧密地结合起来，将“保障国土安全”列为首要工作重点，把传统的针对灾害管理的任务看成是国家安全保障工作的一部分，整合了反恐与救灾的力量，实现了危机管理体制的统一。

同时，美国政府认识到：在应急管理的减缓、准备、响应和恢复四个阶段中，减缓是核心，与其花费大量的资金在损失后进行救助，不如将其用于事前的预防上，应急管理的最高境界就是使风险消弭于无形之中。为此，FEMA将工作重点调整为侧重灾前准备和减轻灾害造成的影响方面，为政府部门和公众进行经常性的突发事件预防服务也成为其日常的重要工作。

日本经历了1995年阪神大地震的惨痛教训后，也加强了危机管理，强化政府纵向集权应急功能。以《紧急事态法》作为法律基础，建立了完善的全国性应急管理体制。日本在首相官邸建立了全国“危机管理中心”，指挥应对包括战争在内的所有危机。内阁总理是危机管理的最高指挥官，内阁官房负责与各个政府部门进行整体协调和联络。政府还在内阁官房设立了由首相任命的内阁危机管理总监，专门负责处理政府有关危机管理的事务；同时，增设两名负责安全保障、危机管理的官房长官助理，直接对首相、官房长官及危机管理总监负责。

近十几年来，英国曾多次发生重大突发事件，如1988年的北海油田大爆炸，2000 年的洪水，2001 年的疯牛病、口蹄疫，等等。英国政府认识到，由于英国的经济发展高度依赖国际贸易，大量的人口流动和国际交往增加了发生公共卫生和恐怖袭击的风险。同时，英国是一个多民族国家，不同的文化背景和宗教信仰也容易引发社会冲突。特别是美国“9·11”事件和我国“非典”之后，英国政府审视了本国的应急管理体制，认为单一部门应对，基本上没有跨部门协调的体制存在明显缺陷，其中最主要是在中央层面缺乏强有力的组织协调，以及负责应急管理的相关部门间缺乏协同、配合。为此，英国政府以强化中央层面协调和各部门协同为重点，着力改变应对紧急状态的方式，整合了各方面的应急资源，在应急机制上进行了改革和调整。

首先，在中央层面，明确首相是应急管理的最高行政官，应急管理协调和决策的最高机构为内阁紧急应变小组（COBR）。COBR不是一个常设机构，通常在面临重大危机并且需要跨部门协同应对时启动，以召开紧急会议的方式运作。其组成人员不是固定的，而是根据事态的性质和严重程度由相关层级的官员参加，主要职能是及时、准确掌握危机的现实情况，制定应急管理的战略性目标，快速形成应急决策。其次，设立了应急管理办事机构。由于灾害的突发性，而且“其影响总是超出一个单一部门的职权范围”，因此，“内阁办公室应是最适合来召集和协调政府应对困难形势的部门”。2001 年 7 月，英国政府在内阁办公室设立了国民紧急事务秘书处（CCS），充分发挥应急管理办事机构的职能作用。该秘书处的宗旨是“通过协调政府内外各方，在危机的预见、预防、准备和解决方面提高英国应对突发挑战的能力”。其职能：一是负责应急管理体系规划和物资、装备、演习等应急准备工作；二是对风险和危机进行评估，分析危机发生的概率和发展趋势，确保预防和控制灾难的规划和措施发挥效应；三是在危机发生后，确定“领导政府部门”名单以及是否启动 COBR，制订应对方案，协调各相关部门、机构的应急处置；四是对工作进行评估，从战略层面提出改进意见，协调推动应急管理立法工作；五是负责组织应急管理人才培训。CCS的成立，协调了跨部门、跨机构的应急管理工作和紧急救援行动，由此英国的国民防护职责从内政部转移到CCS。

（三）我国突发事件应急管理机制的现状

1. 国家应急管理体系已初步建成

在国家统一领导下，坚持综合协调、分类管理、分级负责、属地管理为主的原则来应对突发公共事件。在应急体系中，国务院是突发公共事件应急管理工作的最高行政领导机构，在国务院总理领导下，由国务院常务会议和国家相关突发公共事件应急指挥机构负责突发公共事件的应急管理工作；必要时，派出国务院工作组指导有关工作。国务院办公厅设国务院应急管理办公室，履行值守应急、信息汇总和综合协调职责，发挥运转枢纽作用；国务院有关部门依据有关法律、行政法规和各自职责，负责相关类别突发公共事件的应急管理工作；地方各级人民政府是本行政区域突发公共事件应急管理工作的行政领导机构。同时，根据实际需要聘请有关专家组成专家组，为应急管理提供决策建议。

2. 应急预案逐步完善

2001年，我国进入综合性应急预案的编写使用阶段。2004年，国务院办公厅发布《国务院有关部门和单位制定和修订突发公共事件应急预案框架指南》，使重大事故应急预案的编写有章可循。截至目前，我国已编制国务院部门应急预案57部，国家专项应急预案21部，全国各级应急预案240多万件，基本上涵盖了各类常见突发事件。

3. 应急管理法律体系基本建立

经过“非典”“禽流感”“冰雪灾害”和“汶川大地震”，我国已相继颁布了有关应急管理的法律35部、行政法规36部、部门规章55部，尤其是《中华人民共和国突发事件应对法》的颁布和实施，基本建立了以宪法为依据、以突发事件应对法为核心、以相关法律法规为配套的应急管理法律体系，使应急工作可以有章可循、有法可依。

4. 应急保障能力得到了加强

近几年中央财政累计投入数百亿元资金，用于应急物资储备和应急队伍装备的建设。对各类突发性公共事件的监测和预警能力不断提高，灾后恢复重建的能力明显提高。

5. 我国应急管理机制的特点

何谓完善的应急管理机制的构成，学界提出了各种不同的看法，根据《中华人民共和国突发事件应对法》的规定，应急管理由预防与应急准备、监测与预警、应急处置与救援、事后恢复与重建四个阶段构成。我国的应急体制存在着明显的以行政主导为主、政治动员能力强的特点，同时，把重心放在了应急管理的救济上，不注重平时应急的预防和预警工作，即风险管理的意识还有待加强。从目前我国应急管理机制的运行状态来看，存在以下问题：一是各地政府应急办的机构设置和职责划分混乱，职能发挥受限；二是突发事件指挥部与同级的应急办之间的职责不清、关系不顺；三是常态管理部门缺失，常态管理力度严重不足；四是社会组织能力低下，社会参与性差。另外，在信息发布的及时透明、应急对外交流合作的高效对等上，我国还有一条很长的路要走。

四 应急管理的模式

（一）国外主要应急管理模式

国外突发事件应急管理模式可以归结为美国模式、俄罗斯模式和日本模式。美国模式的主要特征为“行政首长领导，中央协调，地方配合”。美国、澳大利亚和英国在应急体制方面具有类似的特征。俄罗斯模式的主要特征为“国家首脑为核心，联席会议为平台，相应部门为主力”。日本模式的主要特征为“行政首脑指挥，综合机构协调联络，中央会议制定对策，地方政府具体实施”。

1. 美国：大协调模式——总统领导、安全部门处理、地方配合

为应对重大突发事件，美国自1967年开始就进行了统一报警号码的紧急救援服务系统建设，并在此基础上逐步形成了比较完善的

应急管理体系，构建了覆盖全美应急救援网络。美国联邦、州、郡、市都设有紧急救援组织，共同组成美国应对突发事件的组织指挥系统。一般来说，多数突发事件直接由地方紧急救援机构就地解决，当突发事件的严重程度超出地方政府的救援能力时，再逐级向上申请援助。美国的联邦应急管理署（FEMA）成立于1979年，是联邦政府负责处理重大突发事件的职能部门。FEMA是在吸收、合并联邦保险办公室、国家防火办公室、联邦救灾办公室、国家气象服务局及国防部下的民防署等机构的基础上成立的，把原来分散于各部门的职能集中统一起来。美国政府应急事务管理实行的是总统领导下国土安全部联邦紧急事态管理局统一指挥协调的体制。对于国家大部分突发事件决策的执行一般由国土安全部配合相应各州城市应急执行系统共同执行，而对一般单一的突发事件则由各州专业部门和城市应急系统完成。美国应急管理注重效率和安全，所有的隐患和突发事件，从小的零散的事件到最高紧急状态的战争，从指导、控制、预警等多个方面建立了处置预案。

在美国，根据突发事件的严重程度，联邦、州及地方的应急组织分别启动不同等级的应急系统。联邦政府使用的是五等级法，用绿、蓝、黄、橙、红五种不同颜色表示从低到高的五个不同警级。突发事件发生时，由一线监控人员或志愿者向应急处理中心报警，中心负责人直接向地方行政长官报告；地方行政长官（县、市长）作为处理突发事件的最高指挥官，首先进入地方紧急救援指挥中心，并根据事态的严重程度，决定是否宣布进入紧急状态；如果灾害程度超出地方的应急能力，地方长官（市长、郡长）可向州长申请援助，同时将有关情况向州紧急事件处理办公室报告；州长接到援助要求后，一方面宣布州进入紧急状态，同时派遣协调官到灾害现场，成立现场办公室，领导指挥救助和恢复工作，灾害现场办公室有紧急救援队支持工作；如果灾害程度超过州应急处理能力，州长还可以向总统提出援助申请；总统接到申请后，决定是否启动联邦援助计划，同时任命联邦协调官员奔赴事发地点，在州协调官员的参与下，建立现场受灾办公室，迅速调动必要的资源进行支援工作，将损失降到最低程度。通常在四种情况下需要启动联邦救援计划：一是预测将要发生的事件很严重（如飓风），需要联邦政府援助的；二是对已发生的事件，如地震、台风或其他需要联邦政府提供灾害紧急援助的；三是当受灾害影响地区的州长向联邦政府总统提出要求援助的；四是当联邦政府总统宣布该事件为重要灾害或重要事件的。

美国应急管理的法律法规体系相对健全。不仅有以《全国紧急状态法》《国家安全法》和《反恐怖主义法》为核心的安全法律体系，还有减灾防灾的基本法律法规。通过立法规定突发事件的应对和处理程序，赋予了政府足够的指挥处置权，有效地规范了各方主体的权利与义务，使应急管理有法可依。美国各联邦、州、郡、市都具备自己的紧急救援队伍，它们作为紧急事务处理中心实施救援的主要力量，为了适应各类救援的需要，又被划分为若干个功能组，各功能组相互衔接、相互配合，共同完成救援工作。联邦紧急救援队伍被分成12个功能组，每组由一个主要机构牵头，负责完成某一方面的救援任务。各州、郡、市救援队伍也有自己的功能组，专门负责本地区的救援工作。

2. 日本：纵向集中模式——内阁领导、部门集中管理

日本是一个自然灾害频发的岛国，加之近年来发生的一系列人为突发性事件，给日本的经济社会带来了严重影响。为了把“天灾人祸”的损失降到最低程度，从20世纪50年代以部门为主的单灾种管理，到60年代的综合灾害管理，再到90年代中后期的综合突发事件管理，管理体制机制历经两次转换，形成了特点鲜明的三个发展阶段，建立了相对完善的中央到地方的突发事件管理体系。自90年代以来，日本建立起了一套从中央到地方较有特色，也较为成功的应对突发事件的快速反应机制。在日本突发事件应急管理机制中，消防，普察，医师会，医疗机构协会，通信，铁道，电力、煤气、供水等市政服务公司，以及有关政府机构，都按照各自的危机

管理实施要领和与特定类型突发事件的相关牵头部门进行相互配合。

日本建立了一套以内阁府为中枢，通过中央防灾会议决策，突发事件牵头部门相对集中管理的应急体制。实行中央、都（道、府、县）、市（町、村）三级防救灾组织管理体系。当重大灾害发生时，内阁总理大臣征询中央防灾会议的意见，在内阁府成立“非常灾害对策本部”进行统筹调度。另外在灾区设立“现场对策本部”，以便就近管理指挥。同时，将国土交通省的防灾局提升至内阁府内，并专设防灾大臣。各类突发事件的预防和处置，由各牵头部门相对集中管理。内阁府牵头负责地震、台风、暴雨等自然灾害以及没有明确部门管理事件的应急救援工作，总务省消防厅牵头负责火灾、化学品等工业事故应急救援工作，文部科学省牵头负责核事故应急救援工作，经济产业省牵头负责生产事故应急救援工作，海上保安厅和环保署牵头负责防治海洋污染及海上灾害工作。

日本设有内阁情报中心，负责快速收集和整理国内外的情报，同时建立了中央与地方政府之间的紧急联络通信网，强化了中央防灾无线通信系统，并建立起了全国危机警报系统，直接向国民报告地震、海啸等自然灾害以及导弹袭击等各种突发事件信息。

日本的应急法律体系以 1961 年整合多项单一法规制定的《灾害对策基本法》为基础，包括其后制定的《灾害救助法》《建筑基准法》《大规模地震对策特别措施法》《地震保险法》《灾害救助慰抚金给付》等有关法律等。1995 年阪神大地震发生后，日本又陆续制定了《受灾者生活再建支持法》《受灾市街地复兴特别措置法》等法令。这一系列专项法律，赋予了国家在防灾行政上强大的公共权力，明确了防灾体制及国库负担制度，并规定了公共事业单位、一般居民等防范参与制度。

3. 俄罗斯：强权安全模式——总统率领、决策和执行机构综合处理

俄罗斯国土广袤，国情复杂，因而特别注重跨部门协调，逐步

建立了一个以总统为核心，以联邦安全会议为决策中枢，政府各部门分工协作、相互协调的危机管理机制。作为危机处理机制中枢指挥系统的重要组成部分，其安全会议中设立了12个常设跨部委的委员会，它们在不同的危机中发挥不同的作用，它们之间的相互协调和运作也根据危机类型的不同而发生相应变化。在处理自然灾害和技术灾害时，成立于1990年的俄罗斯紧急情况部是最主要的责任部门，这是一个拥有专业应急处理队伍的行动机构，紧急情况部下辖联邦紧急状态行动指挥中心，该中心内设民防与灾害管理研究所和救援培训中心，即“179部队”，并在莫斯科、圣彼得堡、顿河畔罗斯托夫、萨马拉、叶卡塔琳娜堡、诺瓦西比斯克、契塔和卡巴洛夫斯克，分设8个区域紧急状态行动指挥中心及8支专业救援队伍，地方的紧急救援管理机构按行政区划逐级分设。

4. 英国：“大国家安全”管理模式正在取代分级处理模式

为强调应急管理体系的整合与协同，英国政府提出从“水平、垂直、理念、系统”四个方面整合应急管理体系的目标，并制定了“金、银、铜”三级处置方式。三个层级的组成人员和职责分工各不相同，通过逐级下达命令的方式共同构成一个高效的应急处置工作系统。近年来，英国政府面临着复杂的国际国内安全局势，传统安全问题和非传统安全问题相互交织，迫切需要建立新的国家安全管理模式，增强中央政府的综合安全管理能力。2007年，英国政府成立了“内阁国家安全、国际关系和发展委员会”，该委员会成员包括相关的部长、警察首脑、情报部门的首脑、国防系统的负责人，该委员会负责监督国家安全方面的问题，定期召开关于阿富汗和巴基斯坦安全问题的会议，不定期召开安全方面热点问题的专门会议。在此基础上，2010年5月，英国卡梅伦政府建立了有“安全内阁”之称的国家安全委员会，标志着英国政府内部多年来一直讨论的“大国家安全”管理框架最终成型。

国家安全委员会由首相担任主席，常任成员包括副首相、财政大臣、外交和联邦事务大臣、内政大臣、国防大臣、国际发展大臣和安全大臣，其他内阁成员，包括国家能源和气候变化大臣、国防参谋机构的负责人、情报部门首脑以及其他高级官员等，都将按需要参加该委员会。国家安全委员会承担国家总体安全责任，指导处理英国所有方面的安全问题，在最高层面上整合国防、外交、情报、警务、应急管理、网络安全、能源、国际发展等方面相关政府部门和机构的资源，增强针对国家安全问题的战略研判能力，确认英国安全管理的战略重点和优先性问题，协调在面对安全威胁时的跨政府部门行动，提高全方位的安全风险防范和应急处置能力。国家安全委员会不只是针对每天事务的"灭火工具"，它是政府广泛的国家安全战略中枢，要促进政府的高效协调。

英国应急规划机制的法律框架由众多法律组成，最初的一部法律是 1948 年英国议会发布的《民防法》，随后 50 年陆续增加了一系列补充条例，逐步形成了政府的危机应急框架。其成果都被 2005 年实施的《国内应急法》吸收。

（二）我国突发事件及应急管理现状

近年来，我国各类突发事件频发，这些事件的发生给国家和人民生命财产安全造成了巨大损失，如 2008 年 5 月 12 日的汶川大地震共造成 69227 人遇难，影响范围包括震中 50 千米的县城和 200 千米的大中城市，直接经济损失达 8452 亿元。2010 年 8 月 7 日发生在甘肃甘南藏族自治州舟曲县的泥石流灾害造成 1463 人遇难，损毁农田 1417 亩，损毁房屋 307 户、5508 间，其中农村民房 235 户，城镇职工及居民住房 72 户；进水房屋 4189 户、20945 间，其中农村民房 1503 户，城镇民房 2686 户；机关单位办公楼损毁 21 栋，损坏车辆 18 辆。此外，还有 2013 年的 H7N9 型禽流感事件和雅安地震。

在突发事件应急管理过程中，我国应急管理体制按照统一领导、综合协调、分类管理、分级负责、属地管理为主的原则建立。目前，已初步形成了由中央政府领导、有关部门和地方各级政府各负其责、社会组织和人民群众广泛参与的应急管理体制。从机构设置来看，既有中央级的非常设应急指挥机构和常设办事机构，又有地方政府对应的各级应急指挥机构，县级以上地方各级人民政府设立了由本级人民政府主要负责人、相关部门负责人、驻当地中国人民解放军和中国人民武装警察部队有关负责人组成的突发事件应急指挥机构。从职能配置来看，应急管理机构在法律意义上明确了在常态下编制规划和预案、统筹推进建设、配置各种资源、组织开展演练、排查风险源的职能，规定了在突发事件中采取措施、实施步骤的权限，给予政府及有关部门“一揽子授权”。从人员配备来看，既有负责日常管理的从中央到地方的各级行政人员和专司救援的队伍，又有高校和科研单位的专家。法律是应对突发事件最基本、最主要的手段。2007 年 11 月 1 日起正式实行的《中华人民共和国突发事件应对法》是我国应急管理领域的一部基本法，该法的制定和实施成为应急管理法治化的标志。

1. 北京模式

北京市设立了突发事件应急委员会，统一领导全市突发事件应对工作。委员会主任由市长担任，副主任按处置自然灾害、事故灾难、公共卫生和社会安全四类突发事件的分工，由分管市领导担任，市委、市政府秘书长，分管副秘书长，市突发事件专项指挥部、相关委办局、北京卫戍区、武警北京总队负责人为成员。市政府秘书长为总协调人，市委、市政府主管副秘书长配合，市委、市政府办公厅主管副主任协助，协调突发事件应对工作。委员会下设办公室，作为日常办事机构。办公室设在市政府办公厅，加挂市应急指挥中心牌子。市应急指挥中心备有指挥场所和相应的设备设施，作为突发事件发生时委员会的指挥平台。委员会聘请专家顾问组成市突发事件发生时委员会的指挥平台。委员会聘请专家顾问组成市突发事件专家顾问组，整合与各类突发事件处置有关的各领导小组、指挥部，建立健全各类突发事件专项指挥部，补充其职能、强化其作用、规范其名称、完善应急体制。各区县建立相应的突发事件工作体制和工作机制。区县成立突发事件应急委员会，委员会办公室设在区县政府办公室。各突发事件专项指挥部、相关委办局和区县按照“统一指挥、分级负责、资源共享、条块结合”的原则，开展突发事件应对工作。

2. 上海模式

上海市突发公共事件应急管理委员会于2005年9月成立，市长任主任。这一应急管理工作最高行政领导机构下，设置有办事机构——市应急管理办公室，全市各有关部门是市应急委的工作机构，从而形成统一指挥、分级负责、协调有序、运转高效的应急联动体系。作为一个人口密集的特大型城市，该市强调，城市越大，安全风险就越高，更迫切需要强化应急管理。为此，该市先后组织编制了一批专项应急预案，探索建立了城市综合减灾和紧急处置体系，并成立了市应急联动中心。在抵御台风、抗击“非典”等各类突发事件过程中，这些预案、措施都发挥了积极有效的作用。

3. 广东模式

广东省突发事件应急委员会由省长担任副主任。应急委员会下设6个应急指挥机构——省自然灾害应急领导小组、省安全生产委员会、省突发公共卫生事件应急指挥部、省社会安全事件应急领导小组、省民用核设施核事故预防和应急救援管理委员会、省防震抗震救灾工作领导小组。应急委员会统一对全省范围内特别重大的突发事件进行指挥和协调，同时设立省突发事件应急指挥中心作为应急委员会的日常办事机构，该机构为省政府办公厅内设副厅级机构，并构建了“统一、灵敏、高效”的省、市、县三级指挥平台，在全省范围内形成了统一、高效、全面的突发事件应急机制。

（三）国内外的比较分析

共同之处：一是统一指挥、分级负责的应急管理体制。各国都先后建立了从中央到地方的多级应急管理体制。二是运转高效、全社会共同参与的应急机制。因为政府拥有大量的社会资源，所以政府在应急管理过程中起着核心的作用。但仅靠政府难以应对越来越频繁的突发事件，需要全社会共同参与。三是权威、完备的法律体系。应急管理法制建设，就是依法开展应急工作，努力使突发事件的应急处置走上规范化、制度化和法制化轨道。

不同之处：一是各国的应急管理体系都与其政治体制相符。如美国的应急管理体系就是与其分权体系相适应的，在应对公共卫生事件、自然灾害等突发性公共事件时以城市和各联邦州应对为主，联邦政府只是以协调为主，很多时候就会应对不及时。在2005年9月初，卡特里娜飓风横扫美国东南海岸，数千民众遇难，上百万人撤离，直接经济损失近300亿美元。对于这次灾害，美国上下一片批评之声，其中主要针对的就是政府指挥无方、救援不及时。我国在一些具有国际影响的突发性公共事件应急管理上能够发挥政治优势，反应迅速，成效显著。如2008年，“5·12”汶川地震，温家宝总理在灾后5小时即赶赴灾区，指导救灾工作。因为反应迅速、救援得力赢得了国际上的广泛赞誉。二是应急管理效果的好坏与其基础设施的好坏存在直接的关联。西方发达国家拥有良好的基础设施，当突发公共性事件发生时，往往能发挥很大的作用。而我国由于正处于工业化中期，各项基础设施还比较薄弱，往往给灾害救援带来很大的困难。如2008年雨雪冰冻灾害，道路、水电、通信等基础设施中断时，我们的应对办法较为匮乏。三是科技发展与制度落实相结合是应急管理体系成熟的标志。突发公共性事件的应急管理要依靠科学技术，只有把最新的科技成果运用到应急管理过程中才能提高应急管理的效率。但仅有科技的发展还不够，还要把应急管理预案、体制机制落到实处，才能避免突发事件带来更大的损失。智利圣何塞铜矿矿难事故，就因为严苛的管理制度、人性化的救援、科学严谨的态度，使得被困的33名矿工全部安全升井，救援行动取得了极大的成功，在救援过程中还使用了中国制造的机械设备，为发展中国家的应急管理做出了典范。而我国在应对从2009年末持续到2010年3月的云贵等地旱灾时就显得束手无策，除了太平洋厄尔尼诺现象加剧等自然因素之外，我国的水利设施没有很好的维护、抗旱制度没有真正落实也是重要的原因。

五　应急管理的方法与技术

灾难是极其难以处理解决的复杂问题，它检验着国家和社会有效保护人民和基础设施、降低生命和财产损失以及快速恢复等方面的能力。由于事件造成的影响和问题的随意性以及事件的特殊性等，需要动态、实时、科学有效和实用的解决办法，而应急管理又和突发事件紧密相连，在突发事件的处理中处于核心的地位，因此需要利用集成了更多学科的方法来进行研究。

（一）运筹学/管理科学方法

运筹学在灾难预警和灾难应对中已经有了广泛的应用。在应急管理的缓解、预警、响应、恢复四个阶段中，都需要运用运筹学/管理科学方法进行研究。其中，缓解阶段采用的方法有：选址理论、概率论、随机过程、随机规划、排队论、博弈论、整数规划、连续决策等；预警阶段采用的方法有：概率风险分析、复杂网络、图论、随机图、博弈论等；响应阶段采用的方法有：选址、车辆路径选择、排队论、模拟、运输控制、物流技术、模糊集等；恢复阶段采用的方法有：资源配置理论、车辆运输模型、多目标规划等。下面将介绍几种比较重要的方法。

排队论，也称随机服务系统理论。一般有三个基本组成部分：①输入过程；②排队规则；③服务机构。它按照如下三个特征进行分类：①相继顾客到达时间的分布；②服务时间的分布；③服务台个数分布。通过建立合适的排队模型，我们可以很好地充分利用资源，为应急管理提供服务。例如，在灾难应急中对受伤人员的救护，就采取按病情严重的程度优先服务的原则，选择建立适当的排队模型，在紧急的情况下，让有限的救援资源充分发挥救护伤员的作用。

目标规划是 Charnes 和 Cooper 在 1961 年首先提出的。在应急管理中，考虑到决策时目标的多样性很适合用这类模型来进行研究。

在应急管理中由于经常遇到一些信息的不确定因素，给决策带来了麻烦，影响了决策的准确性，而用模糊参数的不确定规划——

模糊规划能较好地解决这类问题。

应急管理本身管理的就是一个复杂的网络，图论和网络是应用已经十分广泛的运筹学分支，可以解决很多的管理决策中的优化问题。图论和网络在应急管理中的应用包括更好地进行方案设计、选择合理的决策策略等。

车辆路径和物流技术等在应急管理的响应阶段都会发挥很大的作用，保证应急资源及时快速安全地到达应急点，尽早投入到应急活动中。资源配置和车辆运输模型等在恢复阶段的运用，可以更好地优化资源以及降低运输费用，使得恢复的效率提高。

序贯决策是指整个决策过程由一系列决策组成。在应急管理中，随着事件的不断发展和外部环境的不断变化，应急管理的决策也会不断地调整和变化，使之更加适合当时的客观要求。

博弈论又称对策论，是研究在风险不确定的情况下，多个决策行为主体相互影响时的理性行为及其决策均衡的问题。即在某种固定规则的竞争中，结果不是由单一决策者掌控，而是由所有决策者的共同决策实现的；单一决策者为在竞争中使个人利益最大化，在多个策略中，受个人偏好的影响，所采取的策略选择，以及所有决策者决策趋向问题的研究。从信息的角度，博弈可划分为完全信息和不完全信息两大类；从局中人行动的先后顺序的角度，分为静态博弈和动态博弈。综合上述两种不同角度的分类，可以得到四种不同的基本博弈类型：完全信息静态博弈、完全信息动态博弈、不完全信息静态博弈、不完全信息动态博弈。与上述四种博弈类型相对应的是四个均衡概念：纳什均衡、子博弈精炼纳什均衡、贝叶斯均衡和精炼贝叶斯均衡。应急管理中可将应对主体和灾害主体形象地看作是博弈的双方，使用博弈模型可以进行更准确的描述。

在我们的知识不全面和不确定因素难以解决的情形下，Banks（1993）建议用更适宜各学科间属性的全面仿真模型，能够获取自然现象中蕴含的更多信息，如气象学或地质学原理、工程技术细节和社会行为的模型。Gass（1994）认为“公共部门的问题是多目标的，解决方法只能是好或者坏，但不是最优的”。一个人可以考虑选择改进的模型，尽可能地满足全部或更多的系统约束条件，而不必要尽力去优化目标函数。例如，Papamichail 和 French（1999）用约束规划设计了可行的撤离策略解决了核危机。

在应急管理研究中，根据问题的特征和约束限制条件，选取合适的方法，建立合理的模型可以得到比较好的结果，有助于应急决策。应急管理研究中还有很多运筹学/管理科学方法没有得到很好的利用，像动态系统、约束规划和软运筹学技术。目前在国际上应急管理研究中运筹学/管理科学方法的应用，大部分集中在模型的研究，其次是理论研究和应用研究。主流运筹学/管理科学学报上发表的关于应急管理研究的文章大多属于管理科学类，其次是管理咨询类。

（二）计算机与通信技术

应急管理信息系统中城市应急系统通过集成的信息网络和通信系统，集语音、数据、图像为一体，协调民政、交通、消防、公安、医疗、公共事业等政府职能部门，以统一的接收中心和处理平台，为市民提供相应的紧急救援服务。统一指挥，快速响应，联合行动，为城市公共安全提供保障和支持。以 GIS 技术、卫星通信技术、GSM 无线通信技术作为支撑，整合城市多部门、多行业、多层次的已有系统和数据资源，实现对城市紧急事件的实时响应和调度指挥。由此实现通过信息资源和通信手段的共享，使跨部门、跨区域以及跨职权之间的指挥调度、联合行动成为可能。

在应急管理信息系统中各类通信技术、计算机软件技术、高性能设备等都可以派上用场。应急管理信息系统的支持工具有许多，下面以美国联邦应急信息管理系统（Federal Emergency Management Information System，FEMIS）为例做一简单的介绍。现在的 FEMIS 系统已经允许地方的应急行动中心使用，处理紧急事件信息，例如洪水灾害等。FEMIS 是客户/服务器结构，许多应用软件都安装在客户端 PC 上。这些客户端软件由 FEMIS 应用程序、政府分布式供给模型、货物检测设备、Arc View 地理信息系统等组成。目前国内外已有商品化的应急信息集成管理系统推出，国内一些城市和行业已经使用。主要包括以下一些产品：①科瑞讯城市应急联动指挥系统解决方案；②摩托罗拉开发的“城市应急系统”；③鼎天应急指挥系统；④清华紫光城市应急指挥系统。

随着计算机和通信技术的发展，越来越先进的通信技术和系统设备将会被应用到应急系统中，应急管理系统会越来越完善，功能更加齐全和强大，对提高应急管理能力有很大的帮助。

（三）图像处理与信息识别技术

随着计算机技术和图像处理技术的不断发展，越来越多的新技术被应用到了应急管理中。图像处理技术在应急管理中的作用日益增大，其可以分成两大类：模拟图像处理和数字图像处理。目前图像处理技术的运用已经相当广泛，几乎覆盖了各个领域。如大型购物中心、机场进出口、车站出入口、边境检查站和一些关键部门的进出口等，利用相关的摄像设备进行监控和检测，并且发挥了重要的作用，提供了有力的安全防御保障。

在一些场所安装一些摄像头，随时监控动态，预防可疑的人或物造成破坏，一旦发现可疑行为或危险物品能及时得到解决，最大可能地杜绝事故发生隐患。图像处理技术已经在2004 年雅典奥运会中发挥了重要的作用，在运动场馆、办公楼、运动员住宿地、会议中心等都安装有先进的电子监控设备，通过监控中心可以掌握外部活动信息，发现问题及时向有关部门反映，保证了奥运会各项活动的顺利进行。

随着我国2008 年奥运会的举办，更多的专家学者认识到了电子监测监控设备在保证奥运会顺利举行方面的重要性，他们献计献策，使先进的科技运用到其中，发挥其巨大的作用。

近年来随着科学技术发展和计算机的广泛应用，图像处理技术也被应用在了消防灭火等救援活动的模拟训练中，大大提高了训练的效果，提高了应急管理的应急响应能力。

近年来，高新技术的发展和应用，减少了很多突发事件的发生，加强了安全性。在国外，已经开始在出国护照上嵌入磁条，该磁条记录了持证人一些详细的信息，包括照片、性别、年龄等众多资料。这样在很大程度上避免了一些恐怖分子或不法分子混入重要场所进行破坏的机会，大大加强了安全性。在灾难应急中，也使用了DNA检测等高级识别技术，特别是在传染性疾病等事件中的使用，这样可以快速发现问题，找到发病的根源以及病原体的特征，制订合适的急救方案。一方面提高了应急反应能力，另一方面也使得应急管理的效果大大增强。当然，也可用于其他方面，比如用这种方式进行身份核对，以及识别危险分子等。

（四）分类分级技术

突发事件的分类分级为应急管理系统的核心技术和基础工作之一。目前国内外有关部门和学者从不同角度对突发事件的分类分级进行了研究，主要有：

（1）美国联邦应急计划关于美国紧急事件中灾难评估及分级研究

自“9·11”恐怖袭击事件发生以来，美国核管理委员会（NRC）提出一种新的“威胁预警系统”，这种系统是在国土安全咨询系统（HASA）的基础上提出的。它将事故分为五个等级，分别以五种颜色编码。这五个等级是：绿色（低风险状态——正常/常规级别）、蓝色（警戒状态——提高关注）、黄色（较高风险状态——常规威胁）、橙色（高风险状态——迫近威胁）和红色（严重状态——定域威胁）。

（2）火灾预案建立中的危险等级评价技术

①火灾危险评价的指数法

危险指数评价法为美国DOW化学公司所首创。20世纪80年代后期，各国学者对森林火灾的危险性评价进行了大量的研究，充分考虑风速、湿度、气温等气象因子，提出了多种危险评价方法，如加拿大的FWI（Fire Weather Index）森林火灾评价指数法，法国的数值评价方法，葡萄牙的 Nesterov 指数法等。

②火灾危险评价的动态分级方法

国际上最早提出动态分类的方法始于岩石稳定性分类，这种方法是基于聚类分析原理进行的分类方法，近年来一些学者把这种方法引入到火灾危险评价中来。我们知道在某些情况下，分级的对象应该涵盖火灾危险源的所有情况，其包含的元素数目极大，要研究总体的元素不可能也不现实，而聚类分析可以根据抽样的部分去建立分级的标准，其基本思想是首先对原始样本进行初始分级，计算每类样本的重心，并将计算的重心作为初始分级的标准；计算每一样品到各类重心的距离，并按最近距离原则，将该样品划入最近的一个类别中。另外，随着火灾危险源样本的扩充，还可以对分级的标准进行不断的修改和完善。

（五）网络优化技术

国内外对应急管理中“网络优化技术”的研究较多。Geoffrey Bianchia 等（1988）对紧急服务设施（尤其是医疗方面）的选址问题进行了研究；Sherali H. D. 等（1999）和 G. Barbarosoglu 等（2004）对成本约束下的交通事故紧急响应模型及总体规划进行了研究分析；Mohan R. Akella 等（2005）研究了应急覆盖需求的通信网络基站选址与频道分配问题。池宏等发展了动态博弈网络技术。所谓动态博弈网络技术，就是根据事件发展过程的状态变化，以及相应的信息补充，基于网络计划的方法和对事件发展的动态评估，采用不完全信息动态博弈的数学模型调整网络结构而最终得到最为有效的实施方案的方法。“动态博弈网络技术”问题是研究在进展过程中，项目内容动态变化下的网络技术，包括在动态网络下阶段状态的评估定级、关键链的管理、资源优化配置与调度等主要问题。池宏等（2003）对突发事件中引发的“动态博弈网络技术”进行了探讨；姚杰、计雷等（2005）和赵淑红等（2006）对应急管理主体与客体间的博弈关系从不同角度进行了研究；何建敏、刘春林等（2005）对资源布局与调度方面进行过一些研究和设计；贾传亮等（2005）给出了多阶段灭火过程中的消防资源布局模型等。

研究应急管理的科学方法还有很多，在这里列举的是一些在应急管理研究中常用到的方法，随着应急管理研究的深入，新的方法和技术的不断出现，应急管理研究的方法也会越来越多，这样处理突发事件的能力也会不断地提高，解决事件的效果将会更加显著。

六　应急管理的总体趋势

从总体的发展趋势来看，应急管理正从以往单部门、单灾种的单一管理模式向综合的、全面的、全流程的应急管理方向发展，成为多学科交叉支撑的前沿领域，需要综合应用自然科学与社会科学、工程技术与管理科学等多种学科的理论与方法。世界各国都把应对突发事件的应急管理工作提升为国家战略，建立了为确保国家安全和国民生活安定的国家应急管理体制，形成了日常行政管理、突发事件管理、紧急状态管理的整套管理制度。具体表现为：

（一）应急反应标准化、自动化

标准化主要体现在应急术语的标准化，应急成员单位衣着穿戴规范化和灾害事件所处状态表现形式规范化。如在灾害发生后，各救援成员单位根据预先安排好的地点，穿上指定颜色的服装，按照应急预案所规定的应急术语进行工作，在工作面板上简单明了地用不同颜色展现目前事件发生过程和救援情况。近年来，美国各级应急处理中心通过使用最新技术，不断完善信息系统功能，提升与各职能部门间的沟通能力，实现信息资源共享，保证应急组织成员单位的快速反应能力。一旦某一指标达到警戒标准，应急处理系统就会自动启动，进入工作状态。

（二）应急预案精细化

通过对已发突发公共事件的总结，紧急救援中心不断修改应急预案，使之更详细、实用，更接近实际，更具可操作性。应急预案不仅包括交通、通信、消防、民众管理、医疗服务、搜索和救援、环境保护等内容，还包括重建和恢复计划、心理医治等内容。同时注意对新的突发公共事件及时制定标准，随着科学技术的进步适时修订旧标准。

（三）联动机制效率化

实施紧急救援，各职能部门之间的联动至关重要。如目前，美国联动机制主要靠应急处理小组或应急处理委员会的成员构建及各种突发公共事件预案，计划予以保证。美国紧急救援中心根据事件的层次和特点，确定各成员单位之间的分工和合作关系。为了确保联动机制的高效，行政长官（总统、州长、市长）是应急处理的第一责任人，相关行政部门和机构是应急小组或委员会的成员单位；应急预案和计划对相关单位的责任给予了明确规定，便于行动的开展。

（四）参与的大众化

在突发公共事件的救援过程中，大众力量起着重要的作用，尤其在重大突发公共事件发生、专业救援力量不足时，大众力量更是防灾减灾，实现自救、互救不可缺少的力量。目前，美国民众对防灾减灾热情很高，通过社区救灾反应队、美国红十字会、教会组织、工商协会紧急救援组织、城镇防震行动议会等基层组织、非政府组织、志愿者组织参与救援工作。

（五）应急处理宣传的透明化和信息共享化

各级政府不对媒体封锁信息，有专门针对记者的现场信息发布点，注重各种媒体在紧急救援中的作用。相关成员单位均可以进入应急处理中心的信息系统；紧急处理中心可以进入国家的一些信息系统，如国家地理信息系统、城市资源信息系统等，及时获得所需信息，更好地为救援工作服务。

第三节　跨流域调水工程概述

跨流域调水是指利用河渠、隧洞、管道等将水从一个流域输送到另一个或另几个流域以实现流域间的水体转移。20 世纪中叶，为满足经济发达人口密集地区社会经济发展的需要，跨流域调水规划应运而生。

据不完全统计，目前世界上已建成和拟建的大规模、长距离、跨流域调水工程已达350多项，分布在各个国家。

一 国外跨流域调水工程

采用跨流域调水的方法重新分配水资源以满足缺水地区的迫切需要由来已久，许多国家如美国、苏联、加拿大、法国、澳大利亚、巴基斯坦、印度等都曾进行过尝试，有些还取得了巨大的效益。调水工程根据各个国家和地区的不同需求建成后发挥着不同的作用，如苏联已建成的多项大型调水工程主要用于农田灌溉；加拿大已建成的调水工程主要用于水电；美国已建成的多项跨流域调水工程主要用于灌溉和供水服务，兼顾防洪与发电。

（一）美国加利福尼亚州调水工程

美国为满足缺水地区经济和社会发展的需要，目前已建成的跨流域远距离调水工程达十余项，对美国经济的可持续发展、宏观布局、生产要素和资源的合理分配与整合都起到了重要作用。其中最具代表性的调水工程应首推加利福尼亚州的北水南调工程，它也是全美最大的多目标开发工程，其经验值得我们借鉴。

该工程于1957年动工，1973年主体工程完工，1990年，达到设计输水能力，工程建设总投资50亿美元。在受水区，大量分散的用水户自行组成了29个用水户联合会，每个联合会都是一个经济实体，负责各自范围内的配套工程建设和维护、征收水费，有一整套管理运行的机构。无论是工程建设阶段，还是运行阶段，加州水资源局均只与用水联合会打交道。工程建设单位为加州水资源局（主体工程），用水户联合会（配套工程）；工程运营管理单位为加州水资源局（主体工程），用水户联合会（配套工程）。工程建设运营管理的特点是政府不直接介入工程建设，一切均由建设单位按法律操作。总干渠以下的配套工程由用水户自建，加州水资源局负责并管理工程的建设阶段和运行阶段。其配套设施相当完善，拥有最先进的 SCADA（Supervisory Control and Data Acquisition）水信息监控与数据采集计算机自动化技术对工程的运行进行监控；地方供水公司与干线调水公司的买卖水关系处理得当；运营上推行“水银行”制度。特别是跨流域调水工程信息集成问题的解决，为我国南水北调工程运营管理提供了很好的借鉴。

（二）苏联调水工程

苏联水资源地区分布极不均匀，南北悬殊，80% 的地表径流分布在苏联东部几条大河，如叶尼塞河、勒拿河和鄂毕河，最终注入北冰洋，全国 2/3 的耕地分布在缺水的西南部地区，40% 以上的耕地年降水量小于 200—400 毫米。为此，主要调水线是从北部的涅瓦河、伯朝拉河、多瑙河等调入伏尔加河、第聂伯河等。

苏联 1933 年开始修建引水工程，目前已建成的大中型引水工程达 15 处，年调水量达 480 亿立方米，建有调水工程研究所 100 多个。

（三）澳大利亚雪山工程

澳大利亚是干旱及半干旱区占全国土地面积比例最大的国家之一。干旱和半干旱地区分别约占总土地面积的 50% 和 30%。为了缓解内陆干旱缺水的状况，澳大利亚于 1949—1974 年修建了第一个重要引水工程——雪山工程，该工程位于澳大利亚南部，包括 16 座大坝（其中最大的托尔宾戈堆石坝坝高 161. 5 米）、7 座水电站、2 座抽水站，铺设有 80 千米的输水管道，开挖了 144 千米的隧洞。从而将雪山东坡的一部分多余水量引向西坡需水地区，沿途利用落差 760 米，进行水力发电。

该工程是世界上比较著名的跨流域调水工程，于 1949 年开工建设，从 1955 年开始就有单项工程投入运行，1974 年所有工程全部竣工运行，历时 25 年，总投资 8. 2 亿澳元。雪山工程是一项跨州的调水工程，早在工程规划阶段就由联邦政府、新南威尔士州政府和维多利亚州政府三方共同签订协议组建了雪山委员会，并成立了雪山工程管理局，具体负责雪山调水工程规划、设计与施工以及制定水量分配、电价、运行管理及流域保护等方面的章程。工程建成后，主要由雪山委员会负责运行管理，该委员会由来自联邦政府、两个相关州、雪山工程管理局的水利和电力专家组成。

工程建设单位为雪山工程管理局（1949 年）；工程运营管理单位为雪山委员会（1974 年）和雪山工程管理局（2002 年改组后的股份有限公司）。工程建设运营管理的特点是 2002 年 6 月，澳大利亚国会和相关各州议会立法通过将雪山工程管理局改制为股份有限公司，由联邦及相关各州政府控股，实行股份制运作、企业化管理，实现了所有权与经营权分离，提高了企业和资本的运作效率，理顺了投资各方的产权关系和雪山工程公司与用水户的关系，保障了所有者的权益。该工程为运营单位市场运作，提高工程利用率，发挥工程的综合利用效益提供了很好的示范。

（四）巴基斯坦引水工程

巴基斯坦平原地处干旱地区，1947 年独立前由印度河及其 5 条支流进行灌溉，独立后经过谈判，将其中东部 3 条河流的水划归印度所有，西部 3 条河流（即印度河及其支流杰卢姆河和奇纳布河）的水归巴基斯坦所有。为了恢复东部 3 条漂流灌溉渠系的供水，巴基斯坦修建了规模宏大的西水东调工程。

该工程主要包括 2 座大坝、5 个拦河闸和 1 个带有闸门的虹吸工程，开挖了 8 条相互沟通的连接渠道，总长 593 千米，另有附属建筑物 400 座。其中较为著名的塔贝拉土石坝高 148 米，总库容 137 亿立方米，于 1968 年开工，1975 年建成，1976 年第一台机组发电。其余各项工程均于 1965—1970 年完成。

西水东调工程给巴基斯坦工农业发展带来了巨大效益，使原来的粮食进口国变成不仅能自给而且每年出口小麦 150 万吨、大米 120 万吨以及果品高产的国家，使东部 3 条河流域的农牧工业等获得了持续不断的发展。

（五）印度引水工程

印度的 1/3 地区水量有余，1/3 地区缺水，1/3 地区水量时多时少。多年来，由于降雨无规律的分布，农作物时有歉收。要获得好收成，很大程度上依靠灌溉。

长距离大流量引水在印度已有悠久的历史，建于嘎尔时代的西朱木拿运河和亚格拉河就是例证，从喜马拉雅山引水到遥远的旁遮普等地区。19 世纪中叶，曾大规模开挖运河，将恒河、哥达维利河和克里西那河水引出，以提高灌溉效益。从 20 世纪开始，调水工程快速发展，如北方平原的萨尔达—萨哈亚克工程，供水渠长 260 千米，流量为 650 立方米/秒，灌溉面积 1.6 万平方千米。1980 年开工的拉贾斯坦运河工程，供水线路长 178 千米，流量为 685 立方米/秒，灌溉面积 1.2 万平方千米。

另外，还有很多已完成的灌溉工程，如 1929 年竣工的恒河区，灌溉面积 0.24 万平方千米；北方邦拉姆刚加河筑坝引水至南部各区，灌溉面积 0.6 万平方千米；巴克拉引水至楠加尔，灌溉面积 0.8 万产方千米；通加巴拉，灌溉面积 0.4 万平方千米。引水灌溉给这些地区带来了生机，从前的不毛之地，现在却是牧场肥沃、森林葱绿、人丁兴旺。

（六）法国引水工程

法国的水资源分布不均，不能完全满足全国各地的用水要求，为了灌溉、发电、供水，法国修建了普罗旺斯向凡尔顿的引水工程，该工程于 1964 年开工，1983 年建成。引水流量为 40 立方米/秒，灌溉面积 600 平方千米，并可解决 300 万人的饮水问题，年发电量为 5.75 亿千瓦时。该工程还包括 120 千米长的隧洞和 90 千米长的明渠及 3000 千米的有压供水管和渠网。

另外，建于 1848—1963 年的勒斯特—加龙河的引水工程，引水流量为 18 立方米/秒，隧洞和压力管道长 10 千米，渠道长 27 千米，年引水量达 4.48 亿立方米，灌溉面积 1000 平方千米。

（七）日本引水工程

自 16 世纪以来，由于自然和社会的需要，日本开始了跨流域调水。1653 年兴建了玉川运河，从玉川向江户（老东京）输水，1899

年供水能力为170万立方米/日，1927年玉川运河的输水能力提升至16.7立方米/秒。

第二次世界大战后，政府于1962—1968年修建了利根川引水工程，向东京市供水，引水流量为20立方米/秒，灌溉农田2.19万平方千米。主体工程包括：利根川大坝，引水流量为137立方米/秒；秋之濑取水堰，流量为50立方米/秒；输水干渠3条，总长50千米。

另外，建于1981—1990年的爱知引水工程是把木鲁川的水引到流域外的名古屋东部丘陵地带，输水干渠全长112千米，流量大于30平方米/秒。主体工程包括：明渠65.2千米、隧洞28.4千米、虹吸管12.4千米、其他6.1千米、支渠1000千米、附属建筑分水口150余处。

（八）非洲最大的引水工程

非洲最大的引水工程是将莱索托王国境内丰富的水资源引入南非最重要的省——豪登省。工程分为两期建设，一期工程于2001年3月16日举行竣工典礼，包括在莱索托王国建设的高146米的莫哈尔面板堆石坝和在南非建设的高185米的凯斯双曲拱坝，以及长32千米的输水隧洞。另外，在2000年还建成了装机容量为72兆瓦的水电站和45千米的渡槽。

二　国内跨流域调水工程

（一）南水北调工程

南水北调工程是当今在建的世界上规模最大的调水工程，分为东、中、西线3条调水路线，其中东、中线已于2003年12月30日开工，现已建成通水。

东线工程是在江苏江水北调工程现状（每秒抽取长江水400立方米）的基础上扩大规模和向北延伸，在山东微山附近通过隧洞穿过黄河后可以自流，利用引黄济津线路输水，主干线长1150千米，在黄河以南需建13个梯级75座泵站。除供水外，还可获得航运、防洪、除涝等综合效益。主要供水目标为黄淮平原东部和山东半岛，主要解决农业和城市供水，并可作为天津市的补充水源。

中线分2期实施，近期从汉江引水，远景从长江引水。从汉江丹江口水库引水，沿南阳盆地北部和黄淮平原西部，布设输水干渠，跨江、淮、黄、海四大流域，自流输水到北京、天津，全长约为1246千米。总干渠设各类建筑物1757座，其中渠道1座、河渠交叉建筑物163座、渠渠交叉建筑物194座、排水建筑467座、铁路交叉建筑物39座、跨渠公路桥689座、分水口门95座、节制闸49座、退水闸36座、其他24座。在初设阶段，对其中263座建筑物布设了安全监测设施。

西线工程规划在2050年以前，分别从大渡河、通天河及其支流调水160亿—170亿立方米，远景将从西南澜沧江、怒江向黄河调水，使总调水量达320亿—370亿立方米。第一期工程的调水路线长3672千米，主要是向黄河流域的青海、甘肃、宁夏、内蒙古等6省区供水。西线工程将是当今世界技术难度最大的调水工程，也是效益最大的调水工程，对于改善西部地区和黄河流域现状有巨大作用。

（二）引黄入晋工程

该工程是目前我国已建的另一条跨流域大型引水工程，担负着从黄河万家寨水库引水向山西太原、大同、平朔等城市供水的任务。设计流量48立方米/秒，年输水量12亿立方米。

工程由总干线、南干线、连接段和北干线四部分组成，设计年引水12亿立方米。引水线路总长449.8千米，工程分期实施：一期工程经总干线、南干线及连接段实现向太原年引水3.2亿立方米；二期工程经总干线、北干线向朔州、大同年引水5.6亿立方米并最终实现向太原年引水6.4亿立方米。

一期工程主要包括总干线、南干线、连接段的输水工程、泵站和输变电系统、全线自动化系统及相应的配套项目。引水线路全长286千米，主要建筑物包括：25条输水隧洞，共160.9千米；5座大型泵站（总扬程636米）；1座调节水库；11座渡槽、埋涵；

43.5千米PCCP管道。工程总投资103.54亿元，于1993年5月22日奠基，1997年9月1日主体工程开工建设，2003年10月26日投入试运行，向太原供水。

北干线是引黄入晋工程的重要组成部分，是面向大同、朔州两市，为晋北能源基地可持续发展提供支撑和保障的重大基础设施。引水线路全长161.1千米。主要建筑物有：输水隧洞1座，长43.7千米；PCCP压力管道2条，长117.4千米；调节水库4座（大梁水库、耿庄水库、金沙滩水库、墙框堡水库），总库容3761万立方米，其中调节总库容3158万立方米；地下泵站1座，总装机容量5750千瓦。北干线在最终年引水总规模5.6亿立方米不变的前提下，分期实施。北干线于2009年2月27日开工，2011年9月16日建成通水。

（三）引滦入津工程

为解决天津市用水危机，于1981—1983年兴建了引滦入津工程。该工程是从潘家口水库引水，经下游30千米的大黑汀水库抬高水位后，输入引滦总干渠，进入分水闸分水，一路流向河北唐山，另一路流向天津。

引滦入津的路线是从分水闸进入输水隧洞，出洞后进入黎河干流，顺流而下注入于桥水库，然后经水电站尾水进入新建暗渠段，至九王庄渠首闸，引入专用输水明渠。新建箱涵暗渠段设有倒虹吸2座、节制检修闸5座。输水明港沿途与12条河渠相交，均采用倒虹吸穿越。在明渠上设泵站3座、调蓄水库1座，然后分3路输水引入天津。由潘家口水库引水到市区，路线全长264千米。

（四）都江堰引水工程

该工程是于公元前227年建造的我国最古老的水利工程，是全世界至今为止年代最久、唯一留存、以无坝引水为特征的规模宏大的水利工程。

工程主要部分为渠首工程，包括鱼嘴分水堤、宝瓶口引水工程和飞沙堰溢洪道三大工程。宝瓶口具有引水和控制进水的作用，飞沙堰有排泄洪水和沙石的功能。因而，都江堰水利工程科学地解决了江水自动分流、自动排沙、自动排水和引水的难题，收到了“引水灌田，防洪抗灾”的功效，灌溉面积达20余万平方千米，是世界水利史上的一大奇观，被评为世界文化遗产。

（五）引大济湟引水工程

该工程是青海省内一项跨流域大型引水工程，由石头峡水利枢纽、调水总干渠、黑泉水库、湟水北干渠、湟水南岸提灌工程组成，引大通河水穿越达板山进入湟水流域及西宁市。

黑泉水库为引大济湟工程的调节水库，枢纽工程包括大坝、溢洪道、导流放水洞、灌溉发电洞、电站及供水工程等。大坝为混凝土面板沙砾石坝，坝高123.5米，库容1.82亿立方米，每年可向西宁市供水1.35亿立方米，扩大灌溉面积2.2万平方千米，改善灌溉面积2万平方千米。

调水总干渠为引水骨干工程，由引水枢纽、隧洞组成，承担着由大通河引水至湟水河的任务，总引水量近期为3.6亿立方米，远期为7.5亿立方米，设计引水流量为35立方米/秒。

引水枢纽位于石头峡水利枢纽下游约6.5千米处，由挡水、泄水建筑物组成，隧洞进口在大通河右岸，洞长22.3千米，洞径5.0米，为无压隧洞引水；出口位于宝库河左岸纳拉，具有深埋、高寒、长隧洞的特点。

（六）引额济克济乌引水工程

这是一个跨外流域的引水工程，主要解决以乌鲁木齐市为中心的天山北坡经济发展带、北疆油田（克拉玛依）等地域的城市供水问题。目标为实现近期引水6亿立方米，2020年引水18亿立方米。近期工程包括三部分：①在额尔齐斯河干流上已建成水源工程“635”水利枢纽，包括：主、副坝，导流兼泄洪排沙洞，溢洪道，总干渠及引水发电系统。其中主坝为土坝，高70.6米，库容2.82亿立方米，水电装机32兆瓦，设计引水流量30立方米/秒，已向克拉玛依市供水，线路长20多千米。②从“635”水利枢纽至乌鲁木齐市猛进水库的输水工程，设计流量 20 立方米/秒，供水线路长 50 多千米。③兴建乌鲁木齐的终点调节水库。引水工程完成后，将为北疆的经济发展提供可靠的水源保证，引导地区的工程建设布局，意义重大。

（七）黑河引水工程

黑河引水工程以向西安市供水为主，兼顾灌溉，结合发电和防洪等综合利用。东距西安市约 86 千米，大坝为黏土心墙砂卵石坝，高 127.5 米，库容 2.0 亿立方米，发电装机 20 兆瓦，向西安市供水 3.05 亿立方米，引水流量 16.0 立方米/秒，日供水量 76.0 万吨。灌溉供水 1.23 亿立方米，引水流量 22.7 立方米/秒。引水洞设计最大流量 32.1 立方米/秒，洞径 3.5 米。

全部工程包括金盆水库枢纽工程、城市供水工程和灌溉工程三部分。金盆水库枢纽包括拦河坝、引水洞、泄洪洞、溢洪洞、坝后电站、副坝等，供水工程包括引水渠道、管道、水厂及市区管网配套工程，引水渠总长 118.6 千米，并将沿途田峪、石岭峪、石头河等水库作为调节水源。工程于 1996 年开工，2001 年建成输水。

（八）掌鸠河引水供水工程

该工程主要是为解决昆明市城市供水问题而兴建的，以城市供水为主，兼顾灌溉、发电的大型引水工程。

水库枢纽工程包括云龙水库土坝、副坝、引水洞、泄洪洞（导流洞）、溢洪道等，土坝坝高 77 米，引水洞径 2.5 米，引用流量 13 立方米/秒。另建输水隧洞长 98 千米。

水库分 2 期建设，初期库容 2.28 亿立方米，向昆明市供水 2.2 亿立方米；终期库容 2.82 亿立方米，向昆明市供水 2.5 亿立方米。工程于 1999 年 12 月开工，2002 年云龙水库建成蓄水，2006 年向昆明市供水。

（九）淇河引水工程

该工程是以向河南省鹤壁市供水为主，结合防洪、灌溉、发电、养殖等综合利用的大型水利枢纽。主要建筑物有盘石头水库大坝、输水洞、引水洞、明渠、泄洪洞、溢洪道、水电站等。

大坝位于卫河支流淇河中游，鹤壁市西南15千米处，为混凝土面板堆石坝，高102.20米，输水洞洞径3.5米，分2条支洞，其中1号支洞沿主洞轴线延伸，2号支洞接发电站，总装机10兆瓦。

设计城市及工业年供水总量1.35亿立方米，引水流量为26.73立方米/秒。

第三章　跨流域调水工程突发事件评估模型

第一节　跨流域调水工程突发事件及诱因分析

一　跨流域调水工程突发事件的含义

《国家突发公共事件总体应急预案》将突发公共事件定义为突然发生，造成或者可能造成严重社会危害，需要采取应急处置措施予以应对的自然灾害、事故灾难、公共卫生事件和社会安全事件。结合此定义，跨流域调水工程突发事件是指工程建设或正常供水时突然发生，造成或可能造成重大人员伤亡和财产损失，导致工程输水功能无法实现的紧急事件。

二　跨流域调水工程突发事件的分类

按事件产生的直接原因，跨流域调水工程突发事件可以分为工程内部突发事件、工程外部突发事件。

（一）工程内部突发事件

工程内部突发事件是指与工程建设和管理直接相关的突发事件，主要包括事故灾难事件、公共卫生事件和社会安全事件三大类。

1. 事故灾难事件

事故灾难事件主要指重大质量与安全事故和水污染事件。根据《水利工程建设重大质量与安全事故应急预案（报批稿）》，工程建设中的质量和安全事故主要包括：施工中土石方塌方和结构坍塌安全事故；特种设备或施工机械安全事故；施工围堰坍塌安全事故；施工中人员溺水；施工中发生的各种重大质量事故等。工程运行中的重大质量与安全事故主要包括：引水渠衬砌破坏、渠段淤堵破坏、闸门设备故障、小流量运行时由于流速缓慢引发的水质富营养化问题等。工程运行中的水污染事件指进入引水管线的水含有导致水质恶化的元素，在长距离引水的过程中，如没有及时处理，就会导致水质恶化，进而引起水污染。另外，引水管道与水之间发生的物理、化学以及微生物等作用，也会导致水污染。

2. 公共卫生事件

在调水过程中，水中某些有害物质和元素会一起被带到用水区，造成某些病毒病菌的传播，如伤寒、痢疾、霍乱等。长距离输水后，也可能引起水中某种化学成分缺少或过量而造成区域性疾病。

3. 社会安全事件

社会安全事件主要包括水事纠纷和群体上访事件。水事纠纷是指由于工程运行过程中水量分配不均而引起省际纠纷。调水工程建设过程中由于不同时期水库移民安置政策不同或同一时期不同水库移民安置政策的差异可能会造成水源地移民的群体上访事件。

（二）工程外部突发事件

工程外部突发事件是指事件的发生与工程建设和管理的关系不大，主要是由于外界自然条件或外部力量作用产生的。主要包括自然灾害事件、事故灾难事件、公共卫生事件和社会安全事件四大类。

1. 自然灾害事件

调水工程中的自然灾害事件主要包括旱灾、洪灾、地震灾害等。旱灾指由于调水工程水源地水量突然减少而引起的供水危机。洪灾是指由于自然条件作用，使调水工程沿线降水量突增，排入沿线江河、湖泊、水库等的水量超过了其承纳能力，造成水量剧增或水位急涨的事件。地震灾害是指由地震引起的工程沿线各类建（构）筑物倒塌和损坏，设备和设施损坏，影响工程输水功能的灾害。

2. 事故灾难事件

事故灾难主要包括除工程外的其他原因引起的工程设施及设备故障和水污染事件。工程设施及设备故障指由于地震或沿线发生交通事故而引发工程设施及设备发生故障或损坏，造成工程不能正常供水的事件；水污染事件是指输水河道遭受人为恶意投毒，或者农药污染，沿岸化工厂泄漏，装载有毒有害化学品车辆渠道坠车等多种事件引起调水工程水体污染。

3. 公共卫生事件

公共卫生事件指调水工程沿线由于生活污水排放引起工程水质污染，出现传染病疫情、群体性不明原因疾病等，进而影响工程沿线用水公众健康和生命安全的事件。

4. 社会安全事件

社会安全事件是指某些社会不满人士对工程实施恐怖袭击和人为投毒的事件，一般为对重要建筑物和控制设施设备实施爆炸破坏或向工程水体投毒，该类事件将会给工程和水质安全带来严重威胁，对工程输水调度产生严重不利影响。

三　突发事件诱发因素

诱发调水工程突发事件的因素错综复杂，认清诱发因素是正确掌握和处理调水工程突发事件的先决条件。诱发因素分为共同诱因与特别诱因，共同诱因指引起两种或两种以上突发事件发生的因素，特别诱因指只引起一种突发事件的因素。本书只分析共同诱因。

分析调水工程突发事件的共同诱因时，不需要对所有可能遇到的突发事件都进行分析，只需对常见的突发事件进行分析。以上分析的工程内部与工程外部突发事件中，工程运行过程中的重大质量与安全事故、旱灾、洪灾、水污染事件、社会安全事件、公共卫生事件是调水工程中常见的突发事件。

（一）工程自身特点因素

跨流域调水工程的特点是规模大、输水线路长，主体建筑物或设备间大体呈串联状，跨越行政区域多，且水资源是有偿使用的。长距离输水导致水在管道中的停留时间可以达到数小时，加上很多调水工程的明渠输水特点，在整个引水过程中会由于复杂的物理、化学以及微生物反应，造成水质下降，特别严重的会造成水污染事件。由于水资源的有偿使用和跨越多行政区域的特点，一旦出现不同行政区域水量分配不均或水源区水库移民政策制定、贯彻实施不到位，还有可能引发水事纠纷和群体上访事件。

（二）工程运营管理因素

与一般流域水资源管理的体制与机制不同，跨流域调水工程水资源管理主体除了涉及的流域和省际水利管理部门外，有的还涉及了水源公司，如南水北调东、中线工程，管理主体间关系复杂，这就对工程管理运营提出了更高的要求。如果对工程沿线生活、工业污水排放监督不到位将会引发公共卫生事件。如美国芝加哥密执安湖引水工程 1948 年就发生过突发流行性伤寒事件，原因是监管不力，使密执安湖的供水管道进口遭到污染，使芝加哥也受到了流行性伤寒的侵袭。

（三）技术因素

跨流域调水工程主要采用明渠、暗渠、管道引水或综合的方式。其中暗渠和管道引水防污染性较强，而明渠输水方式在水质、水量保证、安全可靠运行方面都存在明显难以解决的缺陷。因为敞开式输水渠道是沿途污水的排放体，甚至成为垃圾的倾倒场所，可能会引发水污染事件。

（四）工程沿线自然和社会环境因素

工程输水沿线自然和社会环境也会引发一系列突发事件，如沿线分布较多化工厂或离生活区较近，污染物可能会排放到输水渠内引发水污染事件。如工程沿线分布较多桥梁且桥梁处于交通要道，也可能会发生车辆坠渠引发水污染事件；工程沿线突发干旱或洪水，调水水量减少或排入输水渠道的水资源量激增，可能会引发干旱或洪水事件。

第二节　基于动态朴素贝叶斯网络分类器的明渠水华风险评估模型

南水北调中线工程正式通水以来，由于水藻超标，已经给部分沿线水厂造成了经济损失。亟待研究明渠水藻预警技术，提前处理，降低损失。现有的相关研究成果主要集中在海洋湖泊的水华成因分析、水华识别模型、预警模型，以及这些模型在水利工程规划运营过程中的应用四个方面。水华的成因分析已开展了多年，研究人员对影响水华的因素和它们之间的关系已经有了较为全面的认识。水华识别模型的研究通常采用图像识别方法、神经网络方法、贝叶斯方法和支持向量机方法等，这些方法均适用于识别已经爆发了水华的水体。水华预测方法可以分为确定性方法和不确定性方法，确定性方法较为成熟，多是利用各种水动力学模型和水质模型来进行分析，例如美国环保局研发的 HYNHYD 和 WASP 模型、美国水利资源工程公司提出的 CE－QUAL 模型和美国陆军工程兵团使用的 RMA4 模型等。这些模型忽略了复杂水环境的不确定性，虽然应用简单，但描述与预测能力有限。因此，近年来研究人员开始着手研究不确定性方法，Song 等基于模糊方法预测水质，刘悦忆等人提出了基于蒙特卡罗模拟的水质概率预报模型，Karamouz 等采用随机遗传方法分析。这些模型在处理水质影响因素的不确定性方面，提高了模型的表现能力。同时，各种水华识别和预测模型的具体应用研究也在不断进行着。本书在这些工作的基础上，考虑水质变化时序特征的不确定性，基于动态朴素贝叶斯网络分类器提出一种水华风险评估模型。朴素贝叶斯网络分类器能够通过网络结构和网络参数对不确定性知识进行描述，并进行不确定性推理实现分类。水华发生的风险因素具有不确定性，适合采用贝叶斯网络进行描述；水华发生的风险因素与水华风险之间的关系具有不确定性，可以应用贝叶斯网络分类器在各个风险因素的基础上推理出水华风险强度。动态朴素贝叶斯网络分类器是考虑了时序特征的朴素贝叶斯网络分类器，用来预测水华风险时不仅能够考虑到当前的风险情况，还能了解到前一时段的水华风险情况。

一　动态贝叶斯网络模型

动态贝叶斯网络（Dynamic Bayesian Networks，DBN）是贝叶斯网络的时序扩展，可将不同时间片间时序依赖关系与时间片内依赖关系融为一体，并通过量化推理进行动态分析、预测。若用 $x[0]$，$x[1]$，…，$x[T]$ 表示随机向量序列，$x[t]=\{x_1[t],\ \cdots,\ x_n[t]\}$ $(0\leqslant t\leqslant T)$，$x[t]=\{x_1[t],\ \cdots,\ x_n[t]\}$ 为其值向量序列，则对网络结构 G_{DB} 的联合概率分解情况为：

$$
\begin{aligned}
& p(x[0],x[1],\cdots,x[T]) = \\
& p(x[0])p(x[1]\mid x[0])\cdots p(x[T]\mid x[0],\cdots,x[T-1]) = \\
& \prod_{i=1}^{n} p(x_i[0]\mid \pi_i[0,0],G_{DB}) \\
& \prod_{i=1}^{n} p(x_i[1]\mid \pi_i[1,0],\pi_i[1,1],G_{DB})\cdots \\
& \prod_{i=1}^{n} p(x_i[T]\mid \pi_i[T,0],\pi_i[T,1],\cdots,\pi_i[T,T],G_{DB}) = \\
& \prod_{t=0}^{T}\prod_{i=1}^{n} p(x_i[t]\mid \pi_i[t,0],\cdots,\pi_i[t,t],G_{DB})
\end{aligned}
\qquad (3-1)
$$

由于在一般的动态贝叶斯网络中，一个节点在所属时间片和时序前面的时间片中都可能有父节点，网络结构异常复杂，推理计算非常困难，所以，通常在实际应用中附加一些约束条件来简化动态贝叶斯网络。以下研究假设动态贝叶斯网络满足一阶 Markov 假设和平稳性假设，这两个约束条件能够使动态贝叶斯网络转换为先验网 G_0 和转换网 $G_{\rightarrow}$，方便使用。

一阶 Markov 假设在时间片段 t 的变量的状态仅与时间片段 $t-1$ 的变量状态有关，而与 $t-1$ 以前的时间片段内变量的状态无关。即：

$$p(x[t+1] \mid x[0],\ x[1],\ \cdots,\ x[t]) = p(x[t+1] \mid x[t]) \tag{3-2}$$

用于分解 $p(x[t+1] \mid x[t])$ 的贝叶斯网络就是转换网，而平稳性假设对所有的 t，转移概率 $p(x[t+1] \mid x[t])$ 都相同，也就是转换网是唯一的，可以从两个相邻时间片数据集中建立转换网。在这两个假设下，可以得到联合概率的分解形式：

$$p(x[0],\cdots,x[T]) = p(x[0])\prod_{t=1}^{T-1} p(x[t+1] \mid x[t]) \tag{3-3}$$

从这个分解形式可知，联合概率计算可以转化为 $p(x[0])$ 和 $p(x[t+1] \mid x[t])$ 的计算。而这两个局部联合概率的计算又可以依据先验网和转移网络进一步分解，即：

$$p(x[0]) = \prod_{i=1}^{n} p(x_i[0] \mid \pi_i[0], G_0) \tag{3-4}$$

$$p(x[t+1] \mid x[t]) = \prod_{i=1}^{n} p(x_i[t+1] \mid \pi_i[t+1], \pi_i[t], G_{\rightarrow}) \tag{3-5}$$

其中，$\pi_i[0]$ 是先验网中 $x_i[0]$ 父节点集 $\prod_i[0]$ 的配置，$\pi_i[t+1]$和$\pi_i[t]$ 分别是 $x_i[t+1]$在转换网络中属于 $\{x_1[t+1],\ \cdots,\ x_n[t+1]\}$ 的父节点集 $\prod_i[t+1]$ 和属于 $\{x_1[t],\ \cdots,\ x_n[t]\}$ 的父节点集 $\prod_i[t]$ 的配置。

先验网描述同一时间片内的依赖关系，转换网描述不同时间片内的依赖关系，它们都是静态贝叶斯网络，静态贝叶斯网络是个有向无环图（Directed Acyclic Graph），由网络结构和网络参数两部分构成。在网络结构中，节点表示模型变量，边表示变量间的依赖关系。代表变量的节点通常用大写字母表示，其对应的变量值用相应的小写字母表示。若变量 A 通过一条弧指向另一个变量 B，则表明变量 A 与变量 B 有依赖关系，且变量 A 的取值会对变量 B 的取值产生影响。在这对依赖关系中，A 叫作 B 的父节点，B 叫作 A 的子节点。网络参数是指每一个变量对应的条件概率表（Conditional Probability Tables, CPT)。CPT 为每个实例变量都指定了条件概率。通过每个节点的条件概率分布可以得到各个节点的联合概率传播网。

给定动态贝叶斯网络后，就可以在只有一个变量取值不定，而其他变量取值确定的情况下推理出此不确定取值变量的不同取值情况概率大小。若假定出现概率最大的取值为该变量的值，便可以依照此过程，对该变量进行分类。

二 水华风险评估模型

动态朴素贝叶斯网络分类器是一种结构简单的动态贝叶斯网络分类器。本书基于动态朴素贝叶斯网络分类器设计水华风险评估模型，分网络结构和网络参数两部分进行。

（一）基于动态朴素贝叶斯网络分类器的水华风险评估模型结构

由于水华是水体藻类大量生长繁殖或聚集并达到一定浓度的现象，所以在水华实验研究中通常以水体中藻叶绿素 a（Chla）含量间接代表水体中藻类的数目。在这个模型中，本书采用藻叶绿素 a 浓度来评估水华风险等级。影响藻类生长的因素很多，诸如物理因素、化学因素和生物因素，水体富营养化与水华的爆发正是被这些因素所影响。本书考虑了水温、日降雨量、浊度、透明度、藻类光合活性（Fv/Fm）、总氮含量（TN）、氨氮（NH_4^+-N）含量、总磷含量（TP）、氮磷比 9 项对 Chla 有影响的因素。由于动态朴素贝叶斯网络分类器是朴素贝叶斯网络分类器与时间序列的结合，是一种简单的动态贝叶斯网络分类器，其中类变量形成马尔可夫链，时间片属性变量形成局部星形结构。基于动态朴素贝叶斯网络分类器设计水华风险评估模型，没有考虑各个水华风险因素相互之间的影响作用。

图 3-1 为本书采用动态朴素贝叶斯网络分类器设计的水华风险评估模型的网络结构图。其中，a_1 表示水温，a_2 表示日降雨量，a_3 表示浊度，a_4 表示透明度，a_5 表示 Fv/Fm，a_6 表示 TN，a_7 表示 NH_4^+-N 含量，a_8 表示 TP，a_9 表示氮磷比，C 表示 Chla 浓度。整个网络结构由先验网络和转换网络展开得到。

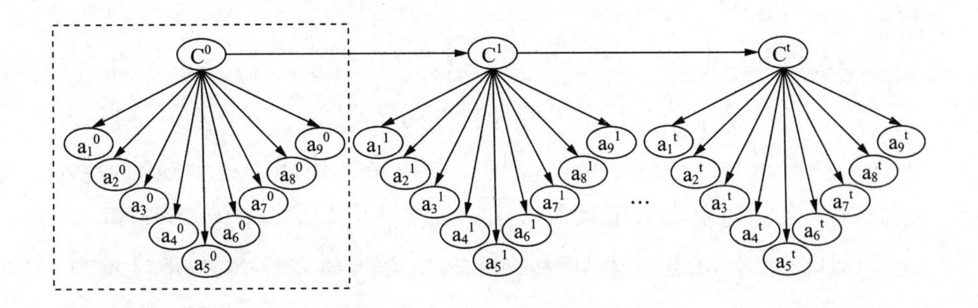

图 3－1　基于动态贝叶斯网络的水华风险评估模型结构图

虚线包含的部分为先验网络结构。由于朴素贝叶斯网络分类器只考虑了类变量对属性变量之间的依赖关系，没有考虑属性变量之间的相互依赖关系。图中只有从类节点指向各个属性节点，各个属性节点之间不存在边。

属性节点和类节点的上标表示该节点所对应的时间片。连接相邻时间片之间类节点的边构成了模型的转移网络结构，在转移网络中，时间片 $t+1$ 中代表水华风险等级的类变量除了受该时间片中影响因素的作用外，还受到上一时刻 t 中水华风险等级情况的影响。

在基于动态朴素贝叶斯网络分类器的水华风险评估模型中，每一个时刻的风险等级情况除了与当前的影响因素有关外，还受到历史时刻风险等级情况的影响，而不受历史时刻影响因素的影响。在这个过程中历史时刻风险等级对当前时刻风险等级有一定程度的影响。依据贝叶斯网络条件独立性关系，图 3－1 可以描述为：

$$p(c^t \mid c^0,\cdots,c^{t-1},a_1^0,\cdots,a_9^0,\cdots,a_1^t,\cdots,a_9^t) =$$

$$p(c^t \mid c^{t-1},a_1^t,\cdots,a_9^t) =$$

$$\frac{p(c^t,c^{t-1},a_1^t,\cdots,a_9^t)}{p(c^{t-1},a_1^t,\cdots,a_9^t)} =$$

$$\alpha p(c^{t-1})p(c^t \mid c^{t-1})\prod_{i=1}^{9}p(a_i^t \mid c^t) \qquad (3-6)$$

其中，α 为与 c^t 无关的量。进而，本书定义基于动态朴素贝叶斯网络分类器的水华风险评估模型为：

$$\underset{c^{t-1}(c^{t-1},a_1^t,\cdots a_9^t)}{\operatorname{argmax}} \left\{ p(c^{t-1}) p(c^t \mid c^{t-1}) \prod_{i=1}^{9} p(a_i^t \mid c^t) \right\} \tag{3-7}$$

以上是对基于动态朴素贝叶斯网络分类器的水华风险评估模型网络结构的设计，但这个网络结构只是粗略地描述了各个影响因素之间的关系，还要设置依赖参数来详细描述它们之间的依赖强度。

（二）基于动态朴素贝叶斯网络分类器的水华风险评估模型参数

本书通过分析参考文献观测的各个风险因素与叶绿素 a 的关系，咨询多个专家，经过加权平均来确定贝叶斯网络参数，包括先验概率和转换概率参数。在计算各专家所占权重时采用主成分分析法，消除信息的重叠性，降低个人因素的影响。对于水华风险先验概率，为了提高模型的灵敏度，本书设置高风险为 0.4，中等风险为 0.3，低风险为 0.1。对于转换概率参数，本书同时根据薛峰（2012）针对河流水体对部分参数做了调整。如在流动水体中，优势藻种多为汉斯冠盘藻（硅藻），本书调整为河流优势藻种适宜的条件。有文献研究城市景观河道中绿藻和蓝藻时，17 次共 76 日水华对应的水温做的一个从高到低的排序图。观察到的可见水华发生时水温主要集中在 23.4℃—34.4℃，且表现出良好的连续性，在观察期间，在水温 27.8℃时有一个间断，水温在 27.8℃—34.4℃发生水华的次数为 14 次，占所有次数的 82.4%，持续的天数为 64 天，占发生水华的天数的 84.2%。有文献研究河流水体中冠盘藻在水温为 2℃左右生长繁殖情况良好，与 15℃条件下无显著差别。本书根据冠盘藻的特点调整水温在 1℃—15℃，叶绿素 a 具有较高的概率取值。

表 3－1 为概率 $p(c^t \mid c^{t-1})$ 参数表，表示当前水华风险等级对最近观测到的风险状态的依赖强度，为了在模型中适当体现出风险情况的时序依赖性，c^t 中与 c^{t-1} 相同的取值设置了较高的发生概率。

表 3－2 为概率 p（$ax^t \mid c^t$）参数表，其中 x 表示 a_1—a_9 中的任一变量。当 Chla 浓度分别为 H（高）、M（中）和 L（低）时，

表 3-1　　　　概率 $p(c^t \mid c^{t-1})$ 的参数表

c^{t-1}取值	c^{t-1}（H）	c^{t-1}（M）	c^{t-1}（L）
H	0.8	0.1	0.1
M	0.1	0.8	0.1
L	0.1	0.1	0.8

参数值分别表示水温、日降雨量、浊度、透明度、藻类光合活性、总氮含量、氨氮含量、总磷含量、氮磷比各种情况发生概率的大小。

当设定了水华风险评估模型的网络结构和网络参数后，对于符合模型要求的水体，输入当时的监测值，就能预测下一时刻 Chla 的浓度，评估当前的风险等级。

三　实例分析

实验数据来源于薛峰（2012）在 2011 年 4 月 14 日到 2012 年 1 月 10 日监测苏州河道北门桥的数据。考虑到实际应用时，对高风险情况和中等风险的预测情况，更能体现模型的价值，本书选取了 6 月初到 9 月初的 53 例连续监测数据，将这段时间分为 52 个时间片，其中包括 1 例低风险数据，32 例中等风险数据和 20 例高风险数据。在本书的研究中，依据薛峰（2012）的计算，采用藻叶绿素 a（Chla）的浓度区分不同的水华风险状态。当藻叶绿素 a（Chla）浓度小于 10μg/L 时，设置水华风险状态等级为“较低”；当 Chla 浓度大于等于 10μg/L 且小于 50μg/L 时，设置水华风险状态等级为“中等”；当 Chla 浓度大于 50μg/L 时，设置水华风险状态等级为“较高”。

实验分两步进行：首先，只考虑同一时间片中的依赖关系，用基于朴素贝叶斯网络分类器的评估模型进行预测；其次，用基于动态贝叶斯网络的评估模型进行预测，在考虑同一时间片中的依赖关系的同时，还考虑上一时间片时间观察到的 Chla 浓度。实验过程中，第一次的监测值用于评估第二次监测时刻的风险等级，依次类

表 3－2　　概率 $p(ax^t \mid c^t)$ 的参数表

	a_1^t(℃)			a_2^t(mm)				a_3^t(NTU)			a_4^t(cm)				a_5^t			a_6^t(mg/L)		a_7^t(mg/L)		a_8^t(mg/L)		a_9^t	
取值范围	≥15	≥1 <15	<1	<0.1	≥0.1 <10	≥10 <25	≥25	<5	≥5 <20	≥20	≥74	≥67 <74	≥19 <67	≥0 <19	<0.55	≥0.55 <0.6	≥0.6	≥3.5	<3.5	≥2	<2	≥0.15	<0.15	≥21 <25	<21 ≥25
c^t(H)	0.1	0.8	0.1	0.5	0.3	0.15	0.05	0.1	0.85	0.05	0	0.2	0.7	0.1	0	0.2	0.8	0.9	0.1	0.9	0.1	0.9	0.1	0.9	0.1
c^t(M)	0.3	0.4	0.3	0.3	0.3	0.3	0.1	0.4	0.5	0.1	0.2	0.2	0.4	0.2	0.1	0.4	0.5	0.5	0.5	0.5	0.5	0.5	0.5	0.5	0.5
c^t(L)	0.4	0.1	0.5	0.05	0.15	0.3	0.5	0.45	0.05	0.5	0.5	0	0.1	0.4	0.7	0.2	0.1	0.1	0.9	0.1	0.9	0.1	0.9	0.1	0.9

推，最后一次的监测值不参与实验，因此，每步共预测52次。第一步实验结果显示33次预测正确，预测准确率为63.46%；第二步实验结果显示38次预测正确，预测准确率为73.08%，预测准确率提高了9.62%。图3－2（a）和图3－2（b）分别是基于朴素贝叶斯网络分类器的评估模型和基于动态贝叶斯网络的评估模型的预测值与实际观测值的折线比较图。在这两张图中，实线表示实测值，虚线分别表示两个预测模型的预测值。图中，若两条线重合，则表示预测值与实际观测值一致，若不重合，则表示预测有误。显然，图3－2（b）比图3－2（a）中两线的重合度高，表明基于朴素贝叶斯网络分类器展开后的评估模型比基于动态贝叶斯网络的评估模型预测精度高。

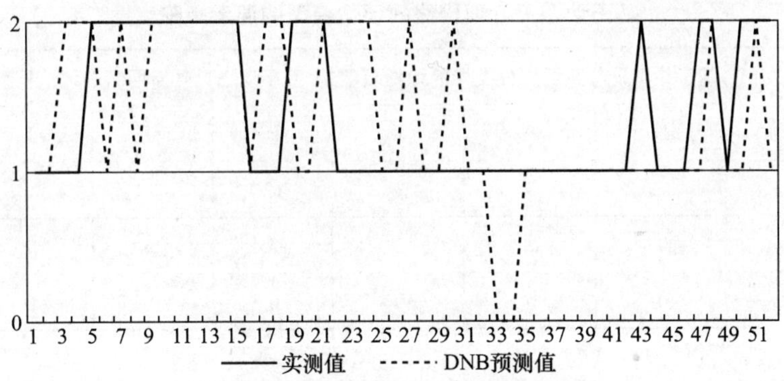

(a) 基于朴素贝叶斯网络分类器的评估模型

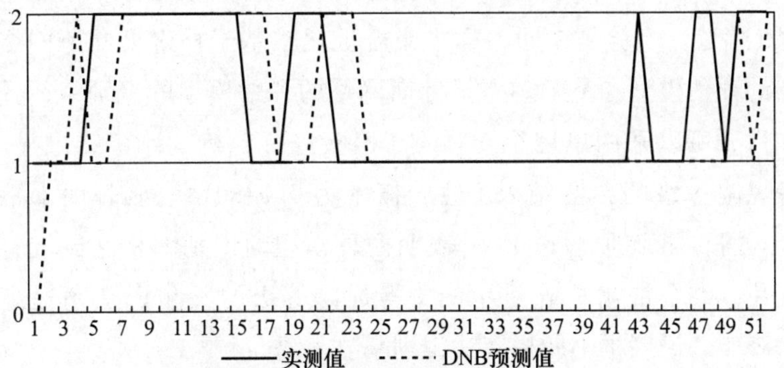

(b) 基于动态贝叶斯网络的评估模型

图3－2　模型预测值与观测值的曲线比较图

进一步分析，表3-3是基于朴素贝叶斯网络分类器的评估模型和基于动态贝叶斯网络的评估模型的预测结果的混淆矩阵。每一列代表了预测类别，每一列的总数表示预测为该类别的数据的数目；每一行代表了数据的真实归属类别，每一行的数据总数表示该类别的数据实例的数目。每一列中的数值表示真实数据被预测为该类的数目。通过两个表的对比，可以看出，两个矩阵中，对高风险等级和低风险等级的预测结果没有变化，对中等风险等级的预测正确数目从21例提高到26例，识别率从65.625%提高到81.26%，提高了15.635%。

表3-3　　基于朴素贝叶斯网络分类器的评估模型和基于动态贝叶斯网络的评估模型的混淆矩阵

	基于朴素贝叶斯网络分类器的评估模型			基于动态贝叶斯网络的评估模型		
	H	M	L	H	M	L
H	12	8	0	12	8	0
M	9	21	2	5	26	1
L	0	0	0	0	0	0

对于中等风险等级的样例，仅有32个样本，属于小样本，所以选择t检验。实验是在同一样本集合上比较基于朴素贝叶斯网络分类器的评估模型和基于动态贝叶斯网络的评估模型的识别率，具有方向性，所以采用单尾配对样本t检验进行分析。计算结果显示，中等风险等级的预测结果t检验概率为0.048014，显著性水平在0.05之下，拒绝原假设H0，表明两种模型的识别率相互比较有显著变化。结合混淆矩阵显示的中等风险等级的预测识别率提高了15.635%，说明本书所提算法识别率显著提高。

四　结论

本书基于朴素贝叶斯网络分类器提出了一种水华风险评估模型，

并采用主成分分析法处理专家知识，设计模型网络参数。利用苏州河道北门桥河段监测的数据，对基于朴素贝叶斯网络分类器的评估模型与基于动态贝叶斯网络的评估模型进行比较实验。结果显示在显著性水平0.05的单尾配对t检验时，对中等风险等级的水华预测识别率提高显著，提高了15.635%，表明本书所提的考虑了风险因素的不确定性和风险状态时序发展特征的模型适用于明渠的水华风险评估。另外，更多地考虑水华影响因素之间的相互作用，对提高评估模型的识别率和适用范围是必要的，这将是下一步的研究任务。

第三节　调水工程干渠突发水污染事件模糊事故树分析

一　模糊事故树分析法的基本原理

（一）事故树分析方法

事故树分析（Fault Analysis Tree，FAT）是安全系统工程中非常重要的分析方法。该方法以系统不希望发生的事件（顶事件）作为分析目标，找出可能导致系统事故的各种因素，并用事故树的形式表示各因素间的逻辑关系，用定性和定量的方法预测系统顶事件发生的概率，有针对性地提出防治措施，以达到有效预防事故发生的目的。

（二）模糊事故树

传统的事故树分析法在进行定量分析时需要大量的统计数据，进而推导出基本事件发生的概率。如果统计资料很难获得，则可以运用模糊理论进行处理后，用模糊数代表基本事件发生的概率。常用的模糊数有三角模糊数、梯形模糊数、正态模糊数等，本研究选用三角模糊数表示各基本事件的模糊概率，三角模糊数的隶属函数可由线性函数表示。

$$\mu_A(x)=\begin{cases}\dfrac{x-a}{b-a},\ x\in[a,\ b]\\ \dfrac{c-x}{c-b},\ x\in[b,\ c]\\ 0,\ 其他\end{cases} \tag{3-8}$$

其中，b 为 $\mu_A(x)$ 的核，a，c 为模糊数的左、右分布参数，表示函数向左和向右延伸的程度，$c-a$ 为 $\mu_A(x)$ 的盲度，此三角模糊数记为：

$$A=(a,\ b,\ c) \tag{3-9}$$

$(a<b<c)$，$\mu_A(b)=1$，具体如图 3-3 所示。

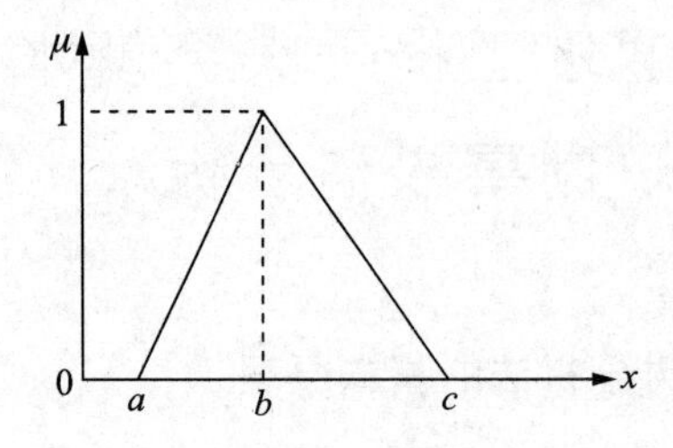

图 3-3　三角模糊数

（三）逻辑运算

1. 三角模糊数的运算

假设有两个三角模糊数 $\tilde{q}_1$ 和 $\tilde{q}_2$，分别由（a_1，b_1，c_1）和（a_2，b_2，c_2）表示，则三角模糊数的代数运算法则如下：

（1）“$\oplus$”运算。$\tilde{q}_1\oplus\tilde{q}_2=(a_1,\ b_1,\ c_1)\oplus(a_2,\ b_2,\ c_2)=(a_1+a_2,\ b_1+b_2,\ c_1+c_2)$

（2）“$\ominus$”运算。$\tilde{q}_1\ominus\tilde{q}_2=(a_1,\ b_1,\ c_1)\ominus(a_2,\ b_2,\ c_2)=(a_1-a_2,\ b_1-b_2,\ c_1-c_2)$

（3）“$\otimes$”运算。$\tilde{q}_1\otimes\tilde{q}_2=(a_1,\ b_1,\ c_1)\otimes(a_2,\ b_2,\ c_2)=(a_1a_2,\ b_1b_2,\ c_1c_2)$

2. 事故树门的模糊处理

传统事故树一般用逻辑与门和或门表示上下两层事件的逻辑关系。

传统事故树逻辑与门的算子为：

$$q_{and} = \prod_{i=1}^{n} q_i$$

传统事故树逻辑或门的算子为：

$$q_{or} = 1 - (1 - \prod_{i=1}^{n} q_i)$$

其中，q_i 为事件发生的精确概率。

模糊处理与门的算子为：

$$\tilde{q}_{and} = (a_{and}, b_{and}, c_{and}) = (\prod_{i=1}^{n} a_i, \prod_{i=1}^{n} b_i, \prod_{i=1}^{n} c_i) \quad (3-10)$$

模糊处理或门的算子为：

$$\tilde{q}_{or} = (a_{or}, b_{or}, c_{or}) = \{[1 - \prod_{i=1}^{n}(1 - a_i)], [1 - \prod_{i=1}^{n}(1 - b_i)], [1 - \prod_{i=1}^{n}(1 - c_i)]\} \quad (3-11)$$

二 调水工程干渠突发水污染事件事故树分析

(一) 调水工程干渠突发水污染事件事故诱发因素

调水工程干渠跨越多个流域、途经多个省市，沿线社会和生态系统高度融合，很多因素均可能诱发突发水污染事故。通过访问专家和工程调研，总结出可能的主要诱发因素包括以下几个方面：

1. 沿线生产生活废水流入因素

工程总干渠跨越工业区（会产生大量工业废水）较多，为确保工程输水安全，虽然目前已采取截污导流工程，使沿线污水不再排入调水渠道，但由于污水处理成本高，仍然存在企业违法偷排行为，如果截流设备出现故障、发生洪水等，易导致废水流入渠道，引起水质污染。

2. 油品及有害物质污染因素

工程部分干渠具有通航功能，往来船舶密集，一旦因船员操作不慎或发生水上交通事故，造成船舶漏油或装载的有害物质发生泄漏以及船舶沉没，将对局部水域水质造成污染。另外，工程干渠沿线化工厂、酒精厂等密集，一旦发生安全生产事故，导致爆炸，化学污染物就会瞬时外泄，如果流入干渠，也会导致突发水污染事故。

3. 沿线桥梁交通事故因素

工程干渠穿越城市，沿线有多座路渠交叉桥梁，所承担的交通任务繁重，如果运输有毒有害物质的车辆在桥上发生交通事故，若发生泄漏或爆炸，有毒有害物质将会瞬时进入干渠，引发局部河段的水质污染。

4. 人为恶意破坏因素

一些对社会不满者、对生活绝望者、精神异常者为了报复社会、发泄不满，在干渠进行恶意破坏和恐怖袭击等活动，如投放化学毒剂、致病细菌等，也会造成突发水污染。

（二）干渠突发水污染事件事故树建立

经过分析调水工程干渠突发水污染事故的诱发因素，及各因素间的层次关系，构建事故树（如图 3－4 所示），事故树中各事件编号及含义如表 3－4 所示。

表 3－4　　　　事故树中各事件编号及含义

编号	含义	编号	含义	编号	含义
A	工程干渠突发水污染事故	D_6	生活污水大量流入水体	X_6	气象灾害
B	突发水污染	E_1	沿线化工企业发生漏油事故	X_7	地质灾害
C_1	油品污染	E_2	沿线化工企业发生有毒化学品泄漏事故	X_8	爆炸
C_2	化学品污染	E_3	工业污水大量增加	X_9	人为投毒
C_3	非正常大量污水流入	E_4	生活污水大量增加	X_{10}	恐怖袭击
D_1	水上船舶漏油	X_1	水质瞬时恶化、超标	X_{11}	大量使用化肥农药
D_2	沿线化工企业油品流入水体	X_2	公路交通事故	X_{12}	污水处理厂故障

续表

编号	含义	编号	含义	编号	含义
D_3	沿线化工企业有毒化学品流入水体	X_3	船舶交通事故	X_{13}	企业偷排
D_4	农业污水大量流入水体	X_4	操作失误	X_{14}	污水量超出污水处理能力
D_5	工业污水大量流入水体	X_5	截流工程失效		

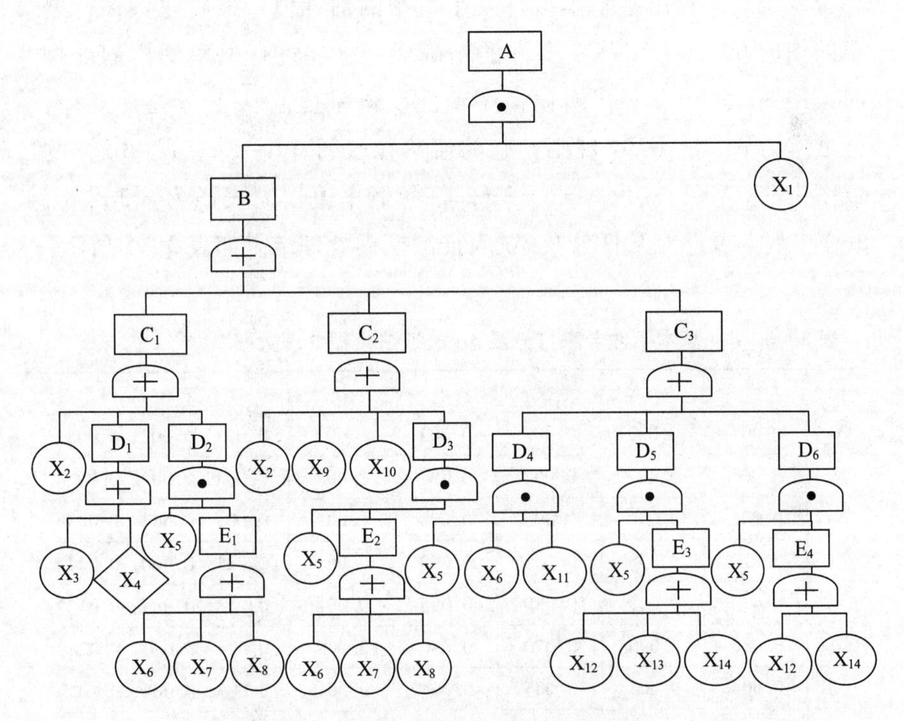

图 3-4　调水工程干渠突发水污染事故树

三　事故树定性分析

事故树定性分析就是找出导致事故发生的所有可能的模式，即求出所有最小割集，求最小割集的方法主要有布尔代数法、行列法、矩阵法，本研究采用布尔代数法。根据图 3-4 所示的事故树，经布尔代数运算后得最小割集共 12 个：（X_1，X_2），（X_1，X_3），

(X_1，X_4)，(X_1，X_5，X_6)，(X_1，X_5，X_7)，(X_1，X_5，X_8)，(X_1，X_9)，(X_1，X_{10})，(X_1，X_5，X_6，X_{11})，(X_1，X_5，X_{12})，(X_1，X_5，X_{13})，(X_1，X_5，X_{14})。

四 事故树定量分析

（一）基本事件的概率模糊处理

受调水工程运行时间和统计资料不足的限制，基本事件的统计资料很难获得。本研究采用专家打分法，专家小组共由 3 人组成，每位专家分别给出各基本事件发生概率的估计值，最后取各估计概率的均值 b，作为该基本事件的精确概率。在进行概率的模糊处理时，用3σ 表征法求其模糊概率值。设概率值服从正态统计规律，标准差为 σ，根据 3σ 规则，它的值落在区间［b－3σ，b＋3σ］的概率为 99.7%，故设 a＝c＝3σ，将各概率值模糊表征为（3σ，b，3σ）。基本事件专家打分及 3σ 表征法模糊处理结果如表 3－5 所示。

表 3－5　　基本事件专家打分及 3σ 表征法模糊处理数据表

符号	专家1	专家2	专家3	b	σ	$\tilde{q}$
X_1	0.001	0.002	0.003	0.002	0.001	(0.003，0.002，0.003)
X_2	0.006	0.007	0.008	0.007	0.001	(0.003，0.007，0.003)
X_3	0.003	0.004	0.005	0.004	0.001	(0.003，0.004，0.003)
X_4	0.070	0.060	0.050	0.060	0.008	(0.024，0.060，0.024)
X_5	0.090	0.085	0.080	0.085	0.004	(0.012，0.085，0.012)
X_6	0.080	0.090	0.070	0.080	0.008	(0.024，0.080，0.024)
X_7	0.004	0.003	0.005	0.004	0.001	(0.003，0.004，0.003)
X_8	0.070	0.080	0.075	0.075	0.004	(0.012，0.075，0.012)
X_9	0.001	0.003	0.002	0.002	0.001	(0.003，0.002，0.003)
X_{10}	0.001	0.002	0.003	0.002	0.001	(0.003，0.002，0.003)
X_{11}	0.150	0.200	0.250	0.200	0.040	(0.120，0.200，0.120)
X_{12}	0.075	0.070	0.065	0.070	0.004	(0.012，0.070，0.012)
X_{13}	0.055	0.050	0.060	0.055	0.004	(0.012，0.055，0.012)
X_{14}	0.035	0.040	0.030	0.035	0.004	(0.012，0.035，0.012)

（二）顶事件的模糊概率分布

根据公式（3－10）和公式（3－11），以及导致调水工程干渠突发水污染事故的最小割集，求事故发生的模糊概率得：

$\tilde{q}_T = 1-(1-\tilde{q}_1\tilde{q}_2)(1-\tilde{q}_1\tilde{q}_3)(1-\tilde{q}_1\tilde{q}_4)(1-\tilde{q}_1\tilde{q}_5\tilde{q}_6)(1-\tilde{q}_1\tilde{q}_5\tilde{q}_7)(1-\tilde{q}_1\tilde{q}_5\tilde{q}_8)\otimes(1-\tilde{q}_1\tilde{q}_9)(1-\tilde{q}_1\tilde{q}_{10})(1-\tilde{q}_1\tilde{q}_5\tilde{q}_6\tilde{q}_{11})(1-\tilde{q}_1\tilde{q}_5\tilde{q}_{12})(1-\tilde{q}_1\tilde{q}_5\tilde{q}_{13})(1-\tilde{q}_1\tilde{q}_5\tilde{q}_{14}) = [1-(1-\tilde{a}_1\tilde{a}_2)(1-\tilde{a}_1\tilde{a}_3)\cdots(1-\tilde{a}_1\tilde{a}_5\tilde{a}_{14}), 1-(1-\tilde{b}_1\tilde{b}_2)(1-\tilde{b}_1\tilde{b}_3)\cdots(1-b_1b_5b_{14}, 1(1-c_1c_2)(1-c_1c_3)\cdots(1-c_1c_5c_{14})]$

将上面的基本事件的三角模糊概率代入公式逐级求得，结果为：$\tilde{q}_T=(0.0111\%, 0.0205\%, 0.0316\%)$。此结果表示调水工程干渠突发水污染事故发生概率为 0.0205%，波动范围为（0.0111%～0.0316%），事故发生的可能性虽低，但一旦发生将会带来非常严重的后果。

（三）基本事件的模糊重要度分析

通过求基本事件的模糊重要度，来反映其对顶事件的影响重要程度，最常用的求解方法主要有中值法和重心法，但中值法计算量较小，所以本书决定用中值法来进行模糊重要度分析。

$$令：S_1 = \int_{b-a}^{b}\mu_A(x)d_x, S_2 = \int_{b}^{c-b}\mu_A(x)d_x, S = S_1 + S_2$$

式中，S_1、S_2 分别为图 3－3 中两个小三角形的面积，存在使经过点 Z 的分界线，在模糊曲线下 S_1 和 S_2 相等，则称 Z 为该三角模糊数的中位数。当 $a=c$ 时，得 $T'_z=b$。

对于结构函数为 $f(x_1, x_2, \cdots, x_n)$ 的事故树，其顶上事件的中位数记为 T_Z，基本事件的中位数记为 T'_{iZ}，基本事件 X_i 的模糊重要度为：$I_i=T_Z-T'_{iZ}$。因为顶事件的重要度 T_Z 是一样的，所以只要比较 T'_Z 就可以了，T'_Z 越小，说明 I_i 越大，对顶事件的发生影响越大，反之对顶事件发生影响程度越小。

经过计算，基本事件的模糊重要度排序为：

$$I_1 = I_9 = I_{10} > I_3 = I_7 > I_2 > I_{13} = I_{14} > I_{12} > I_8 > I_6 > I_5 > I_{11}$$

五 结论及进一步研究方向

由模糊事故树顶事件模糊概率计算结果可以看出，调水工程干渠突发水污染事故发生概率为0.0205%，与实际情况基本符合，验证了方法的可行性。从基本事件的模糊重要度可以看出，水质瞬时恶化、超标，人为投毒，恐怖袭击是造成突发水污染事故最重要的诱因，然后是船舶交通事故和地质灾害，最后是公路交通事故。

上述事故树分析从定量角度计算出了事故发生的模糊概率，并得出了各诱发因素对于干渠突发水污染事故的影响程度。由于没有考虑各因素造成的后果，且受资料限制，基本事件发生概率是由专家打分确定，存在一定的主观性。更进一步的研究可以在详细统计数据基础上得出各基本事件的发生概率，综合考虑突发水污染事故不同诱发因素的不同后果，从而更切合实际地确定各基本事件对事件顶上事件发生的影响程度，以便提出更有针对性的预防策略。

第四章　跨流域调水工程突发事件应急管理主体间关系及作用分析

第一节　跨流域调水工程突发事件应急管理参与主体及相互关系

一　跨流域调水工程突发事件应急管理参与主体界定

跨流域调水工程突发事件应急管理的参与主体主要包括政府组织、非政府组织、企业和公众四个方面。

（一）政府组织

政府组织是指国家政权机构中的行政机关，包括中央政府和地方政府，具体又可分为中央政府、中央政府各职能部门、地方政府、地方政府各职能部门。突发水灾害事件中的中央政府指国务院，中央政府各职能部门指水利部、民政部、财政部、信息部、卫生部、交通部、公安部等部门，地方政府指水灾害发生地所属省、市、县、乡政府，地方政府各职能部门指与中央职能部门对应的水利厅、水利局等部门。

政府作为社会团结的核心，掌握着重要的社会资源，具有巨大的社会动员和控制能力，也只有政府才能统筹全局、协调各方，因此，中央和地方政府组织作为公共服务的提供者与管理者，无论从道德、法律还是能力上来看，在突发水灾害事件中都应该是最重要的参与者，应该发挥其主导作用。

（二）非政府组织

非政府组织指独立于政府和企业之外的不以营利为目的且具有正式组织形式，具有自治性、志愿性、公益性或互益性的社会组织。包括各类志愿者组织、慈善协会、社会团体、行业协会、社区组织等。

与政府统一、层级、全局的管理模式不同，非政府组织由于组建时具有很强的专业性和目的性，以及具有贴近社会、多元、灵活、与人们网络相连的特征，同时，能克服“市场失灵”“政府失灵”同时存在的问题，因此，从决策的角度看，非政府组织的特征决定了它在应对突发水灾害事件过程中具有一些独特的优势。

（三）企业

企业一般是指以盈利为目的，运用各种生产要素（土地、劳动力、资本和技术等）向市场提供商品或服务，实行自主经营、自负盈亏、独立核算的具有法人资格的社会经济组织。此处的企业是指水灾害发生时涉及提供相关产品及服务的企业。

应对突发水灾害事件，不仅是政府、非政府组织等公共部门的责任，作为社会中的一员，企业也要承担社会责任，积极参与突发水灾害事件的应急管理。因为，企业的利润与外界环境息息相关，没有稳定的外界环境就没有企业的发展。

（四）公众

公众指除政府组织、非政府组织、企业以外的社会公民，在突发事件中包含两部分人群，一部分是突发事件发生地的公民，一部分是突发事件发生地以外的公民。

无论是突发事件发生地的公民还是发生地以外的公民，在水灾害发生时都应作为应急管理的主要参与者，尤其是发生地的公民。因为，突发事件发生时的黄金救援期是半小时，尤其是洪涝灾害，在高水位、大流量的作用下，灾害的演变过程极快，灾害产生过程很短，所以抢护工作刻不容缓。要在短时间内避免和减少由于灾害带来的损失，显然要靠组织当地群众采取紧急避险、逃生、应急防扩和自救互救等措施。

二　跨流域调水工程突发事件应急管理中参与主体间的博弈关系

调水工程突发事件应急管理中各参与主体除了命令服从、合作关系外，还存在着博弈关系，即使是同一属性的参与主体间也存在着博弈关系，主要有囚徒困境和委托代理两种博弈关系。

（一）囚徒困境博弈关系

囚徒困境是博弈论的非零和博弈中具有代表性的例子，模型假设有两个参与人 A 和 B，而且每个参与人都是利己的，他们分别被关在不同的审讯室，且行动策略各有两个：坦白和抵赖，对应各行动策略下是他们的支付，第一个数字是 A 的支付，第二个数字是 B 的支付（如表 4－1 所示）。

表 4－1　　　　囚徒困境模型

		策　略	
		坦　白	抵　赖
策　略	坦　白	－8，－8	0，－10
	抵　赖	－10，0	－1，－1

A 在决策时只考虑自己的最大支付，如果 B 选择坦白时，他从坦白和抵赖的支付中选择最大的，即选择坦白；如果 B 选择抵赖时，他仍然从坦白和抵赖的支付中选择最大的，即选择坦白。同样，B 的选择过程类似于 A，最后的均衡是（坦白，坦白），这个结果达到了个人利益最大，但不是整体利益最大。

突发水灾害事件应急管理中的囚徒困境主要存在于同级政府职能部门之间和企业之间。参与人即为政府职能部门或企业，可供选择的策略是：积极参与、消极应付，积极参与时要付出高昂的成本，获得的支付因参与人不同而不同。

1. 同级政府职能部门间的囚徒困境博弈

假设有甲、乙两个职能部门，同时积极参与时获得的支付是管理者或参与者获得的奖励和升迁机会减去参与时付出的成本，用 M 表示，消极参与时获得的支付是管理者或参与者获得的处罚等，用 m 表示。如果一方积极参与而另一方消极应付时，积极参与方要付出高昂的成本，而消极应付方的应付成本相对较低，同时还能享受到积极参与带来的正外部性，因此，这种情况下，消极应付方的支付比双方都积极时的支付 M 要大，等于 $M+u$。而一方积极、另一方消极时管理措施难以奏效，博弈结果和双方都消极应付时一样，但积极参与方同时也付出了较高的成本，因此，积极参与方的支付要比双方都消极时的支付 m 要小，等于 $m-v$。具体的支付矩阵如表4-2所示。这样，每个职能部门的占优策略都是等对方积极参与而自己坐享其成，最后的均衡结果是（消极应付，消极应付）。

表4-2　　政府职能部门间的囚徒困境模型

		策略	
		积极参与	消极应付
策略	积极参与	M, M	$m-v$, $M+u$
	消极应付	$M+u$, $m-v$	m, m

改变囚徒困境的方法主要有三种，第一种是改变支付，第二种是引入重复博弈，第三种是参与人的规则强制。由于水灾害事件的无规律性，因此，重复博弈的方法不可行，只能通过另外两种做法，具体来说是加大对消极应付方的惩罚力度和对积极参与方的奖励力度，同时上级政府要发挥好监督作用。

2. 企业间的囚徒困境博弈

企业间也存在囚徒困境博弈，支付矩阵与政府职能部门间类似，只是含义有所不同。两个企业都积极参与时的支付 M 指突发事件解决后良好的社会环境给企业带来的发展机遇加上企业积极参与过程中社会知名度的提高减去企业支付的高昂成本。两个企业都消极应付时的支付 m 指突发事件没有解决好企业失去的良好发展机会。

（二）委托代理博弈关系

同等级参与主体间存在囚徒困境博弈，而不同等级的参与主体间则存在委托代理关系。经济学中的委托代理关系指任何一种涉及非对称信息的交易，交易中有信息优势的一方被称为“代理人”，另一方被称为“委托人”。如果信息非对称性发生在当事人签约之前，则该类模型被称为“逆向选择模型”，如果发生在当事人签约之后，则被称为“道德风险模型”。博弈中的一个参与人（委托人）想使另一个参与人（代理人）按照自己的利益选择行动，但委托人不能直接观测到代理人选择了什么行动，能观测到的只是一些变量，这些变量由代理人行动和其他的外生的随机因素共同决定，因而充其量只是代理人行动的不完全信息。“委托代理理论试图制定使代理人为委托人的利益行动的刺激计划”，因此，委托人的问题是如何根据这些观测到的信息来奖惩代理人，以激励其选择对委托人最有利的行动。委托人可以利用的手段主要是委托合同的设计，因此这类问题也被称为“激励机制设计”或“机制设计”。委托人这样做时，面临着来自代理人的两个约束，第一个约束是参与约束，即代理人从接受合同中得到的期望效用不能小于不接受合同时能得到的最大期望效用。第二个约束是代理人的激励相容约束，即代理人在所设计的机制下必须有积极性选择委托人希望他选择的行动，因此，代理人选择委托人所希望的行动时得到的期望效用（支付）不能小于他选择其他行动时所得到的期望效用（支付）。在突发水灾害事件应急管理中存在中央政府与地方政府、政府组织与非政府组织、非政府组织与公众、地方政府与公众四种委托代理关系。这里的公众多数情况下指灾区的群众，只有在信息的传递过程中的公众还包括灾区以外的社会个人，关于信息传递的博弈此处暂不讨论。

1. 中央政府与地方政府、地方政府与公众的委托代理关系

这两种委托代理关系中，地方政府既是中央政府的代理人，同时也是公众的代理人，委托人的行动策略有监督有效和监督无效两种，而代理人的行动策略有良好治理和虚假治理两种。利用一定的参数假定，我们可以分别计算出作为双方的支付矩阵（如表4-3所示），只是不同类型的参与人，支付函数的含义是不一样的。

表4-3　　　　委托代理博弈的支付矩阵

代理 委托		策略	
		良好治理	虚假治理
策略	监督有效（α）	$R_1-R_2-C_1$，R_2-C_2	$R_2+R_3-C_1$，$-(R_3+C_3)$
	监督无效（$1-\alpha$）	R_1-R_2，R_2-C_2	$-R_2$，R_2-C_3

其中，R_1为水灾害事件得到良好治理时委托人的收益；R_2为水灾害事件得到良好治理代理人的收益；R_3为水灾害事件虚假治理且被发现时代理人的收益，如被发现后的惩罚成本；C_1为委托人有效监督代理人的成本；C_2为代理人良好治理的成本；C_3为代理人造假的成本；α为委托人监督有效的概率；$(1-\alpha)$为委托人监督无效的概率。

以代理人的良好治理的参与约束和激励相容约束为例，代理人选择良好治理的参与约束为：

$$R_2-C_2>0 \tag{4-1}$$

这与委托人的监督无关，如果良好治理的成本C_2过大，代理人的理性选择是虚假治理。

代理人选择良好治理的激励相容约束是良好治理下的期望支付大于虚假治理下的期望支付，即：

$$R_2-C_2>-\alpha(R_3+C_3)+(1-\alpha)(R_2-C_3) \tag{4-2}$$

即：

$$\alpha(R_2+R_3)-C_2+C_3>0 \tag{4-3}$$

从式（4-3）中可以看出，该约束与委托人的监督有效的概率α有关，这里讨论两个极端情况，当$\alpha=0$时，$C_3-C_2>0$，此时代理人的行动与委托人的监督无关，要想使代理人选择良好治理，必须使代理人造假的成本高于良好治理的成本。当$\alpha=1$时，式(4-3)就变成：$R_2+R_3+C_3>C_2$，即良好治理的实现要使良好治理的收益、虚假治理被发现时的处罚及造假的成本三者之和大于良好治理的成本。因此，增大惩罚成本和奖励是非常重要的手段。

2. 政府组织与非政府组织、非政府组织与公众之间的委托代理关系

在这类博弈关系中，非政府组织既是政府的代理人，同时又是公众的代理人。非政府组织作为代理人，与其他两者之间的契约就是共同维护社会及现有政权的稳定与发展，使应对水灾害的效率更高，减少受灾群众的损失。此时政府组织和公众的行动策略是监督有效与监督无效，而非政府组织的行动策略是积极参与与消极参与（详见本书第四章第三节）。

第二节 非政府组织参与跨流域调水工程突发事件应急管理的路径分析

一 非政府组织参与突发水灾害事件应急管理的现状

我国政府历来重视突发水灾害事件的应急管理工作，且一直以来都是应急管理工作中最重要的主体，几乎包揽了突发事件所有阶段的工作，其他主体在整个应对过程中要么孤军奋战，要么力量分散，发挥的作用有限。虽然近些年来，随着非政府组织在我国的发展、壮大，其在突发水灾害应急管理过程中的作用越来越重要，但目前由于非政府组织在我国的发展现状及我国突发水灾害的应急管理的被动应付局面，导致非政府组织在突发水灾害应急管理工作中更多集中在发生期，一般路径是直接参与救援、接受企业和公众捐

助。在恢复期有一定干预但发力不多，一般只是对受灾群众进行心理干预。

（一）目前参与路径一：现场救援

突发水灾害事件发生后，非政府组织尤其是当地非政府组织由于地理位置优势，最主要的参与路径就是第一时间进入灾区直接参与救援。如2013年8月20日发生在广东汕头市的内涝事件，当天就有壹基金、深圳山地救援队、珠海市登山探险协会救援队等非政府组织参与现场救援。

（二）目前参与路径二：物资筹集

非政府组织参与突发水灾害事件应急管理的另一个重要途径是在灾害发生后进行物资筹集。如2013年10月7日由暴雨引发的浙江余姚水灾，由于政府发布信息不及时，并未见到有更多的非政府组织来直接参与救援，但非政府组织在余姚水灾发生后积极筹备捐助。如浙江省红十字会高度重视，一方面紧急研究制定救灾方案，另一方面积极向总会报告灾情、争取援助。中国红十字会总会共向浙江省紧急调拨了帐篷、棉被、家庭包等价值100万元的救灾物资。中国致公党浙江省委会从致公党红十字救灾博爱基金中先行安排20万元，为温州市苍南、平阳重灾区受灾群众送去大米、食用油等生活必需品，用于帮助余姚灾区人民渡过暂时困难。

（三）目前参与路径三：受灾群众心理干预

突发水灾害事件除了给受灾群众造成巨大的财产损失和人员伤亡外，也会对他们的心理产生影响，尤其是对处于成长期的儿童影响较大。由于儿童所在社区遭受洪灾，社区基本功能短时间难以恢复，儿童的生活和学习将会受到影响，灾害的场景和过程对儿童的心理也会产生持久的负面影响，甚至部分儿童会产生心理阴影。对受灾儿童开展人道主义救助是最基本的儿童权利保障行动，一些非政府组织非常关注灾后儿童的心理健康。如壹基金在2013年6月天水市发生洪水灾害后，积极投身洪灾救助活动，并于灾后给娘娘坝镇重灾区的两所小学送去了壹基金“儿童卫生包”。“儿童卫生包”

是壹基金在应对全国洪灾温暖包的基础上开发出的公益产品，包中主要有：卫生套装（香皂、牙刷、牙膏、毛巾、儿童花露水和指甲钳）、强手棋、长颈鹿公仔、美术套装、减灾读本、书包和T恤等物品。

二　非政府组织在跨流域调水工程突发水灾害事件应急管理中的作用

从宏观上来看，非政府组织由于其自身的优势，在突发水灾害事件应急管理中是政府组织的有效补充，并能在政府与公众之间起到桥梁的作用。但针对突发水灾害事件的不同发展阶段，非政府组织以不同的方式参与，发挥的作用也不尽相同。

一是潜伏期的作用。在危机潜伏期最重要的是要识别危机产生的可能，防患于未然。非政府组织与公众在时空上的距离最短，并且其具有民间性及专业化的优势，因此，在危机潜伏期可以大量地收集信息，向公众及政府提供预警信息，呼吁并引起整个社会的注意和重视。

二是发生期的作用。非政府组织具有灵活性、民间性及专业性的特征，其在事件突发期的主要作用体现在以下几个方面：一是第一时间参与应急救援；二是筹集救灾物资；三是组织志愿者，开展志愿服务活动；四是协助并监督各级政府贯彻执行有关法律、法规、方针政策。

三是恢复期的作用。危机结束后，非政府组织辅助政府部门进行危机后的善后处理及恢复重建工作，主要包括及时对受灾群众进行心理疏导；向他们提供生活的日常和急需物品，保障其日常生活；监督相关的社会福利政策的执行力度；最后对整个事件进行总结与反馈，以期将来更好地应对类似事件。

三　非政府组织参与突发水灾害事件应急管理的路径规范

目前，非政府组织参与突发水灾害事件应急管理的路径比较单一，而且与政府及其他部门的协作较少，处于放任自流、任其发展的状态。非政府组织由于其自身特点，在突发水灾害事件应急管理中不能也不应该代替政府发挥管理主体的作用，但要充分发挥非政府组织在突发水灾害事件应急管理中的作用，必须对其参与路径进行规范与扩展，针对事件的不同发展阶段，其参与路径也不尽相同。

（一）潜伏期：正确介入与引导

潜伏期是指突发事件的起始阶段，在该阶段，突发事件的征兆不断出现，但未造成损害或损害很小。如果在这个阶段保持清醒头脑和高度警惕，并采取适当行动，就能将某些突发事件消灭在萌芽状态，这样可以节省大量的社会资源，避免社会资源遭到破坏。作为与公众在时空上距离最短的社会治理组织，加上其具有的民间性及专业化优势，非政府组织在事件潜伏期的参与路径是正确介入与引导，通过大量收集信息、提供预警，呼吁并引起整个社会的注意和重视，防患于未然，这是政府作为宏观治理机构所不具有的优势。

在这一时期，非政府组织参与应急管理的主要路径体现在以下几个方面：一是宣传引导。通过向民众进行大量的关于突发水灾害的诱发因素、可能带来的严重后果、自救及施救的方法的宣传，引导大家在生活中树立正确的危机意识。二是搜集信息。非政府组织的专业性使其对突发水灾害事件有超前的预见性和敏锐的洞察力，能及时捕捉及分析与水灾害相关的信息，有效地向政府及社会提供预警，可以通过加强与相关职能部门合作，认真研究和分析各种可能产生的突发水灾害。三是协助政府培训专业人才。与政府协作开展危机管理素质教育，定期举办突发水灾害的培训班、研讨会，培训专业人才。

（二）发生期：有效参与与监督

发生期指从人们可感知突发事件造成的人员物力损失到突发事件无法继续造成明显损失的阶段。在这一阶段，政府的资源与能力有限，很难短时间内考虑到各个阶层的利益。为此，非政府组织要有效参与政府政策实施，并监督政策实施的效果，在一定程度上弥补现有体制的缺陷。

非政府组织参与突发水灾害事件应急管理一般通过以下途径：一是第一时间参与救援。事件发生后，确保灾民的生命安全是第一位的，抢救时间越早、行动越快，效果也就会越好，灾民的生命安全才能得到有效保障。通常情况下，由于突发事件的突发性特点，以及政府专业应急人员在接到指令后到达现场需要一段时间，因此，在这段时间内，社区组织、志愿者组织等非政府组织可以就近开展互救，控制事态的扩大，防止造成更大的损失，起到事半功倍的作用，而且越早越快越好。如在1998年长江爆发洪灾后，上千处房屋倒塌，到处都需要救援，在专业救援队伍到来之前，由社区组织、志愿者组织进行的自救互救已产生了较好的效果。二是筹集救灾物资。事件发生后，物资短缺的现象普遍存在，但物资准备仅靠政府是远远不够的。筹集救灾资金和物资主要有两个渠道：一个是政府财政拨款，包括中央政府和地方政府财政拨款；另一个是民间捐赠。社会慈善捐赠不具有强制性，而是自愿、自发的，主要来源包括民间企业、社会团体、家庭、个人或国际组织。因此，民间捐赠的过程不应由政府组织，只能由致力于慈善事业和公益事业的非政府组织来组织筹集，政府则主要扮演倡导者和规范者的角色。非政府组织获取资源的途径除了本国政府的资助外，还有来自外国政府、国际组织、企业和社会个人捐助等多种渠道。三是组织志愿者，以缓解政府部门专业应急人员不足的现状。事件发生后，政府由于人员的匮乏，不可能把救助的“触角”伸向事件影响范围的每个角落，为避免救助时顾此失彼，需要大量志愿者的参与。如果没有有效的组织统一组织志愿者的活动，就会出现大量的志愿者同时涌入灾区，加上一些组织或个人（特别是民间的）缺乏专业的训练，对灾情估计不足，贸然进入灾区，反而成了被救援的对象。非政府组织可以将志愿者组织起来，统一指挥，统一行动，充分发挥志愿者的作用。这样既解决了政府部门人手不足的问题，也解决了志愿者无组织、盲目参与的问题。

此外，非政府组织作为政府与公众间的中介及中央政府与地方政府间的中介，在事件发生后还充当监督者的角色。事实证明，政策的执行仅靠行政体系内部的监督是不够的，容易出现隐瞒信息、推卸责任的现象。非政府组织作为中立而又独立的组织，作为中央与地方各政府之间的中介，可以发挥其深入基层的优势，使政策、法律的实施更加彻底。因此，在这个过程中，非政府组织既可以代表政府执行政策，与政府一起共同维护社会及现有政权的稳定与发展，也可以代表公众监督政府的政策执行。

（三）恢复期：积极评估与干预

恢复期指事件得到完全控制，开始恢复生产、重建家园。这一时期的主要任务是总结经验、评估影响、稳定民众情绪。因此，非政府组织在这个阶段主要参与路径是总结自身在应急管理中的经验、教训，协助对事件产生的原因、灾害造成的影响、事件的应对效率进行评估，同时，对灾区民众进行心理干预。

总结经验主要是总结非政府组织自身在协助政府应对事件管理中的举措、经验和教训，特别是应急管理过程中存在的不足，目的是不断加强自身能力建设，提高应急管理能力。

评估方面的具体参与路径包括：一是评估事件产生的原因。通过与政府部门合作，收集和整合各种信息，深入分析事件产生的原因，降低类似事件对社会造成的损害并向政府提供相关对策建议等。二是评估事件带来的影响。协助政府确认受灾区域及受灾人群，并按受灾程度确定危机后重建的优先次序。三是评估事件应对效率。主要从第三方的角度评估政府在事件管理中的资源运用绩效，特别是评估政府在事件管理中采取的措施及经验教训，为政府回归常态管理提供建议。

干预主要是指非政府组织对受灾公众的心理干预及信息干预。恢复期不仅是灾害发生后造成的物资损失的恢复，更重要的是受灾公众的生活信心的恢复。心理干预是通过非政府组织对公众进行必要的心理辅导，消除灾害带给他们的心理伤害。信息干预是积极配合政府建立统一的信息发布平台，使各种信息公开化、明朗化，切断谣言的传播渠道，稳定公众心理。

在突发水灾害事件的不同发展阶段，非政府组织发挥的作用不同，因此参与应急管理的路径也不尽相同。只有针对各阶段的特征，采用不同的参与路径，避免盲目参与、过度参与，才能充分发挥非政府组织的作用，使灾害带来的损失降到最低。

第三节 跨流域调水工程突发事件应急管理双重委托代理博弈分析

一 应急管理过程中的委托代理关系

委托代理关系是指居于信息优势与信息劣势的市场参与者之间的相互关系。简言之，只要在建立或签订某种合同前后，市场参与者双方掌握的信息不对称，这种经济关系都可以被认为属于委托代理关系。掌握信息多（或具有相对的信息优势）的市场参与者被称为代理人，掌握信息少（或处于信息劣势）的市场参与者被称为委托人。

双重委托代理借鉴经典委托代理理论，根据事务或现象的特殊性，衍生出两类更复杂的表现形式：一类是纵向的双重委托代理，假设有三个独立主体 X、Y、Z，它们之间的委托代理关系可表示为 X 委托 Y 委托 Z；另一类是互为委托代理人的双向委托代理关系，一般情况下是两个独立主体 X、Y，它们之间的委托代理关系可表示为 X 委托 Y，Y 委托 X。突发公共事件应急管理过程中实际上存在多重委托代理关系，如灾民与中央政府、中央政府与地方政府、中央政府与非政府组织、地方政府与非政府组织、灾民与非政府组织间都存在委托代理关系，为了简化研究问题，本书只研究纵向的委托代理关系，并且结合参与主体的性质，将参与主体分为灾民、政府（包括中央政府与地方政府）、非政府组织三大类。灾民与政府之间存在委托代理关系，其中，灾民是委托人，政府是代理人；政府与非政府组织间存在委托代理关系，其中，政府部门是委托人，非政府组织是代理人。

二　灾民与政府间的委托代理模型

政府作为公共事务的管理者和公共服务的提供者，在突发公共事件应急管理中应该是第一主体，也是最重要的主体。因为政府是人民利益的代表，掌握着重要的社会资源，具有巨大的社会动员和社会控制能力。因此，在灾民与政府部门之间存在着委托代理关系，其中政府是代理人，灾民是委托人。他们之间的委托代理关系虽然满足一般意义上的委托代理关系的假设，是合法的，而且各自有各自的利益，但也有其独特性，正是由于这些特性的存在，故只能采用定性分析。

（一）委托人的“虚位”与委托权的“分化”

灾民作为委托人是一个整体的概念，而且是理念的、隐含的、松散的，具有泛化的表征。在这种委托代理关系中，很难让每一个灾民都实际感受委托授权的滋味，而且现实中的灾民总是在分散状态下，很难形成一个统一的整体。人人都是委托人，人人又都感觉不到自己所拥有的权利，从而产生委托权的“分化”与委托人的“虚位”现象。

（二）代理人的“刚性”

与灾民作为委托人的“分化”与“虚位”的特性相反，政府作为代理人则是单一的、非选择的。政府代理人的身份获得具有强制性，与委托人契约的签订不是建立在自由选择的基础上。因为政府作为国家的行政管理机构，其代理人身份的获得是国家机器直接赋予的。这样一来，委托人的退出威胁便不可信。同时降低了政府规避错误、提高效率的积极性，以至于政府往往为了追求自身利益的最大化而损害委托人的利益。

（三）代理人内部个体的双重身份

作为代理人的政府部门内工作人员，尤其是地方政府工作人员，他们一方面作为代理人参与应急管理，另一方面又是灾民，因此，既是委托人又是代理人，具有双重身份。作为公职人员，他们现实地希望通过参与突发公共事件应急管理，使自己仕途高升、获得更高的社会声望和事业成就，因此可能会隐瞒灾情；而同时作为灾民中的普通一员，他们同样期盼应急管理的成功，以减少自己在灾害中的损失。

（四）委托代理链条的多层次

灾民与政府之间的委托代理关系不是一次性完成的，中间有很多层次的委托关系，每一层次相对于上一层次是代理人，而相对下一层次又是委托人。从政府系统内部来看，中央政府可以说是第一层的代理人，其目标价值取向是整个国家和全体人民的利益最大化，其他层次都需要通过激励整合，才能使其行为与国家和人民利益相一致。然而，中央政府作为一个整体的政府机构，其管理职能和整个行政管理系统的运转是通过地方政府和政府官员的具体活动来实现的。因此，中央政府的目标要在各层代理人的自身利益最大化的功利要求挤压下不发生异化和偏向，不能不说是对灾民与政府间的委托代理关系的严峻考验。

（五）道德风险

由于信息不对称，政府官员可能为自己私利而使行为偏离政府的预定目标，从而产生道德风险。由于灾民与政府间委托代理关系的复杂性和特殊性，实现道德风险的控制不可能通过契约和一般意义上的激励，但可以通过新闻媒体、网络等途径增加信息的公开性和透明性，加大第三方的监督力度，同时将应急管理工作成效纳入官员考核体系，以减少或阻止道德风险的产生。

三 政府与非政府组织间的委托代理模型

（一）模型的假设条件

假设1：博弈过程只有一个阶段，即假设突发公共事件具有独特性，以后不会再发生完全相同的事件，至少在同一个地区内不会发生。因此，委托人、代理人之间的博弈过程是一次完成的。

假设2：博弈参与人是“理性人”，即各参与人的期望收益非负，这里的期望收益不仅是指物质层面的，也包括精神层面的，如社会认可度、声誉等。

假设3：信息不对称，即委托人与代理人之间的信息是不对称的，非政府组织在实际的公共事件应急管理中具有比政府更多的隐蔽信息，使其作为代理人处于信息优势地位。

假设4：委托人是风险中性的，代理人是风险规避的，而且委托人与代理人的支付报酬函数为：$S(\pi)=\alpha+\beta\pi$，非政府组织作为非营利性组织，一方面，它的目的是尽最大努力减少灾民和国家在突发事件中的损失，维护社会稳定，因此，不管它是否有产出，政府都应当给予适当的报酬，假设为 $\overline{\alpha}$（外生固定的）；另一方面，非政府组织受到某种使命感、成就感以及荣誉等的影响，会产生自我激励行为，并且这种激励效用与非政府组织的无形产出有关，可视为无形产出π的函数，β 为激励强度，且 $0\leqslant\beta\leqslant1$。

假设5：代理人的效用函数具有不变绝对风险规避特征，即 $u=-e^{\rho w}$，其中，ρ 是绝对风险规避度量且 $\rho>0$，w 为实际货币收入。

假设6：代理人的努力成本，$C(a)=\frac{b}{a}a^{2}(b>0)$，$a$ 为非政府组织的努力水平，b 为成本系数。

（二）模型建立分析

在模型假设成立的条件下，代理人选择某个行动后的产出π所有权属于委托人，π可以根据投入产出理论算出。非政府组织的投入是指正常的运行成本，主要包括项目运行成本和机构行政成本两大类，其中项目运行成本指业务活动成本，记为 k_1，如募集资金所发生的费用；机构行政成本包括工作人员工资、福利、办公费用等，记为 k_2。根据投入产出理论，非政府组织的产出函数为$\pi=$

$k_1^{\lambda_1}k_2^{\lambda_2}(a+\theta)$，其中，$\lambda_1$，$\lambda_2$ 分别是π对 k_1，k_2 的产出弹性，θ 为产出不确定性随机变量，并且 $\theta \sim N(0,\ \delta^2)$。

非政府组织的实际收入为：

$$w = S(\pi) - C(a) = \bar{\alpha} + \beta[k_1^{\lambda_1}k_2^{\lambda_2}(a+\theta)] - \frac{b}{2}a^2 \tag{4-4}$$

由于政府是风险中性的，非政府组织是风险规避的，则非政府组织的确定性等价收入为：

$$W = Ew - \frac{1}{2}\rho\beta^2 k_1^{2\lambda_1}k_2^{2\lambda_2}\delta^2 = \bar{\alpha} + \beta k_1^{\lambda_1}k_2^{\lambda_2}a - \frac{b}{2}a^2 - \frac{1}{2}\rho\beta^2 k_1^{2\lambda_1}k_2^{2\lambda_2}\delta^2 \tag{4-5}$$

其中，Ew 为非政府组织的期望收入，$\frac{1}{2}\rho\beta^2 k_1^{2\lambda_1}k_2^{2\lambda_2}\delta^2$ 为非政府组织的风险成本。

政府的期望效用等于期望收入：

$$Ev[\pi - S(\pi)] = -\bar{\alpha} + (1-\beta)k_1^{\lambda_1}k_2^{\lambda_2}a \tag{4-6}$$

政府追求的是效用最大化，即：

$$\max[-\bar{\alpha} + (1-\beta)k_1^{\lambda_1}k_2^{\lambda_2}a] \tag{4-7}$$

为了使非政府组织尽最大努力参与应急管理，实现政府的目标，政府要设计合理的激励合同，因此，必须考虑两个条件：一是非政府组织接受政府的激励后，其确定性等价收入最大化，即激励约束条件：

$$(IC):\ \max W = \max\left(\bar{\alpha} + \beta k_1^{\lambda_1}k_2^{\lambda_2}a - \frac{b}{2}a^2 - \frac{1}{2}\rho\beta^2 k_1^{2\lambda_1}k_2^{2\lambda_2}\delta^2\right) \tag{4-8}$$

二是要求非政府组织接受政府的激励后，得到的确定性等价收入不小于保留收入 $\bar{w}$，即参与约束条件：

$$(IR):\ W = \bar{\alpha} + \beta k_1^{\lambda_1}k_2^{\lambda_2}a - \frac{b}{2}a^2 - \frac{1}{2}\rho\beta^2 k_1^{2\lambda_1}k_2^{2\lambda_2}\delta^2 \geqslant \bar{w} \tag{4-9}$$

其中，$\bar{w}$ 为非政府组织的保留收入(机会收入)。

综上所述，政府与非政府组织在突发公共事件应急管理中的委托代理模型为：

$$\max[-\bar{\alpha}+(1-\beta)k_1^{\lambda_1}k_2^{\lambda_2}a]$$

s. t.

$$(IC):\ \max W=\max(\bar{\alpha}+\beta k_1^{\lambda_1}k_2^{\lambda_2}a-\frac{b}{2}a^2-\frac{1}{2}\rho\beta^2k_1^{2\lambda_1}k_2^{2\lambda_2}\delta^2)$$

$$(IR):\ W=\bar{\alpha}+\beta k_1^{\lambda_1}k_2^{\lambda_2}a-\frac{b}{2}a^2-\frac{1}{2}\rho\beta^2k_1^{2\lambda_1}k_2^{2\lambda_2}\delta^2\geqslant\bar{w}$$

（三）模型求解

考虑激励约束条件，对式（4－8）求一阶偏导数，即 $\frac{\partial W}{\partial a}=\beta k_1^{\lambda_1}k_2^{\lambda_2}-ba=0$，得：

$$a=\frac{\beta k_1^{\lambda_1}k_2^{\lambda_2}}{b} \tag{4-10}$$

通常，政府只提供给非政府组织最低的激励强度，即式（4－9）中参与约束（IR）取等式的情况：

$$\bar{\alpha}+\beta k_1^{\lambda_1}k_2^{\lambda_2}a-\frac{b}{2}a^2-\frac{1}{2}\rho\beta^2k_1^{2\lambda_1}k_2^{2\lambda_2}\delta^2=\bar{w} \tag{4-11}$$

将式（4－10）和式（4－11）代入式（4－8）得：

$$\max\left[\beta k_1^{\lambda_1}k_2^{\lambda_2}\frac{\beta k_1^{\lambda_1}k_2^{\lambda_2}}{b}-\frac{b}{2}\left(\frac{\beta k_1^{\lambda_1}k_2^{\lambda_2}}{b}\right)^2-\frac{1}{2}\rho\beta^2k_1^{2\lambda_1}k_2^{2\lambda_2}\delta^2-\bar{w}+(1-\beta)k_1^{\lambda_1}k_2^{\lambda_2}\frac{\beta k_1^{\lambda_1}k_2^{\lambda_2}}{b}\right]=\max\left[\left(\frac{\beta}{b}-\frac{\beta^2}{2b}-\frac{\rho\beta^2\delta^2}{2}\right)k_1^{2\lambda_1}k_2^{2\lambda_2}\right]-\bar{w} \tag{4-12}$$

对 β 求偏导，并令其为零，得到政府对非政府组织的最优激励强度为：

$$\beta^*=\frac{1}{1+b\rho\delta^2} \tag{4-13}$$

将式（4－13）代入式（4－10），得到非政府组织的努力水平：

$$\alpha^*=\frac{\beta k_1^{\lambda_1}k_2^{\lambda_2}}{b}=\frac{k_1^{\lambda_1}k_2^{\lambda_2}}{b(1+b\rho\delta^2)} \tag{4-14}$$

（四）模型结果分析

由式（4－13）可以看出，政府对非政府组织的最优激励强度与非政府组织的成本系数 b 和绝对风险规避度 ρ 成反比；由式

(4－14)可以看出，非政府组织的努力水平与激励强度β成正比，与成本系数b和绝对风险规避度ρ成反比，β越大，非政府组织参与应急管理的努力水平就越高，b和ρ越大，非政府组织参与应急管理的努力水平就越低。因此要降低该层委托代理关系中的道德风险，政府要增加对非政府组织的激励强度，同时在选择委托对象时要考虑成本系数较小的非政府组织。

通过上述分析，结合突发公共事件应急管理中双重委托代理关系及其特点，我们得出实现应急管理，减少国家和灾民的损失，最重要的就是要防止应急管理中的道德风险。不同层次的委托代理关系中，防止道德风险的策略是不同的，在灾民与政府间的委托代理关系中，可以通过新闻媒体、网络等途径增加信息的公开性和透明性，加大第三方的监督力度，同时将应急管理工作成效纳入官员考核体系，以减少或阻止道德风险的产生；在政府与非政府组织间的委托代理关系中，道德风险与非政府组织的运行成本及成本系数有非常大的关系，因此，通过增加激励强度，同时选择成本系数较小的非政府组织作为委托对象，可以减少或阻止道德风险的产生。

事实上，灾民、政府、非政府组织三者间的委托代理关系绝不仅是双重的，而且是多重的，将政府划分为中央政府与地方政府，中央政府—地方政府—非政府组织三者间也存在双重委托代理关系，该问题是值得进一步研究的，尤其应重点研究具有委托人和代理人双重身份的地方政府在应急管理中的收益。此外，灾民、政府、非政府组织间更多的时候是合作博弈，而且博弈的过程是动态的。

第四节　合作视角下南水北调中线突发事件应急管理演化博弈分析

一　中线突发事件应急管理多主体合作系统

突发公共事件应急管理体系是一个开放的复杂巨系统，具有多因素、多尺度、多变性、多主体的特征。中线突发事件应急管理系统也具有多主体的特征：不仅涉及沿线多个地方政府，同时涉及水利、电力、交通、医疗卫生及公共安全等多个部门。在中线突发事件应急管理中，参与主体之间的有效合作是其他各个主体有效参与应急管理的保证。如图 4－1 所示，在突发事件应急过程中，水利部制定颁布应急政策并对参与应急的地方政府进行监督，各地方政府以应急政策为原则，不仅要保证行政系统内部各部门如水利部门、电力部门、交通部门等在突发水灾害应急过程中有效的沟通协作(如图 4－1 中Ⅱ部分)，而且也要保证行政系统外部各主体如媒体、企业、非营利组织等相互之间进行有效沟通合作（如图 4－1 中Ⅰ部分)。因此，水利部与各地方政府之间及地方政府之间的有效协同合作是中线突发事件应急管理的基础。但是在实际应急管理中，各主体从各自的受灾情况出发，考虑各自的经济条件、应急经费等利益，表现出不同程度的应急合作意愿，对工程应急资源整合的有效性产生影响。另外，在突发事件应急管理中存在着较为明显的溢出效应。一方面，难以排除区域内某一地方政府对公共危机采取积极行动所产生的效益被其他地方政府共享的可能性；另一方面，应对区域性突发事件会产生成本分担问题，作为“理性经济人”的地方政府总是希望自己尽可能少地承担危机处理成本，容易产生人力、物资、经费调配方面的矛盾。很少从处置突发事件的全局来考虑，使得各主体间的协同程度不够。同时，由于现行的政绩考核体系不够完善，各地方政府及相关职能部门在应急管理中的理性行为往往是事先尽量“捂盖子”，影响应急反应的速度。

二　中线突发事件应急管理政府合作系统演化博弈分析

（一）基本假设与模型的建立

1. 有限理性

假定在突发事件应急管理中，各应急主体是有限理性的，具备在长期的博弈过程中不断学习和调整自己策略的能力，以适应环境的变化。

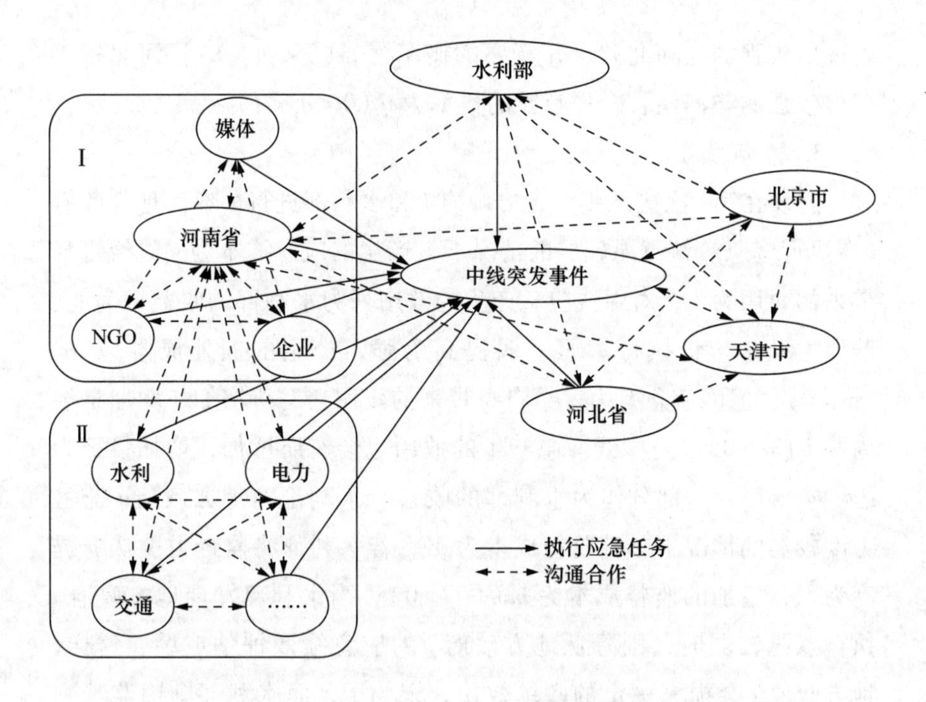

图4-1　以政府为主体的中线突发事件应急管理多主体合作系统

2. 博弈参与者及其行为策略

在中线突发事件应急管理政府合作系统中，政府参与主体主要为水利部、河南省、河北省、北京市和天津市。政府合作系统中的博弈关系主要有两类。地方政府可以随机独立地选择表现出较强的执行意愿或较弱的执行意愿，水利部可以随机独立地选择监督地方政府行为的力度（强或弱）；中线突发事件涉及多个行政区，地方政府在执行应急政策时，会根据各行政区的实际情况在突发事件应急管理中表现出或强或弱的合作意愿。假设，在第 t 次应急中，地方政府 $i(i=1, 2, 3, 4$，其中的1，2，3，4分别代表河南省、河北省、北京市和天津市）以概率 $x_t(0<x_t<1)$ 表现出较强的执行意愿，水利部以概率 $y_t(0<y_t<1)$ 选择强监督力度，则地方政府 i 表现出较弱的执行意愿的概率为 $1-x_t$，水利部选择监督力度弱的概率为 $1-y_t$；任意两个地方政府（这里选取河南省和河北省）：河南省

表现出较强的与河北省合作意愿的概率为 $p_t(0<p_t<1)$；河北省表现出较强的与河南省合作意愿的概率为 $q_t(0<q_t<1)$。

3. 博弈得益

假设在第 t 次应急中：地方政府 i 和水利部进行博弈。地方政府 i 在执行应急政策意愿较弱的情况下，产生的应急成本为 c_i，给自身带来的效用为π_i，对中线应急产生的效用列为水利部的收益记为π_g。若地方政府 i 将执行意愿从弱提高为强，产生的额外成本为 σc_i $(\sigma>0)$，但因应急有力，给自身带来的效用会有所增加，增加量记为 $\eta\pi_i(\eta>0)$，对中线应急产生的效用也会有所增加，增加量记为 $g\pi_g(g>0)$，这部分作为水利部的收益。水利部对地方政府 i 监督力度较弱的情况下，其监督成本为 M。若水利部将监督力度从弱提高为强，增加的监督成本为 $mM(m>0)$，当水利部发现地方政府 i 执行意愿较弱时，则降低地方政府 i 的应急绩效评估成绩，这样，地方政府 i 会损失一定的政绩效用，记为 P，而水利部则因监督到位而给自身带来诸如声誉提高等方面的效用，记为 $\omega P(\omega>0)$。当水利部监督到地方政府 i 积极执行应急政策时，则提高地方政府 i 应急绩效评估成绩，由此给地方政府带来的政绩效用记为 $\varepsilon(\varepsilon>0)$。根据这些假设，建立博弈的支付矩阵（A 表示水利部，B 表示地方政府 i），如表 4－4 所示。

表 4－4　第 t 次应急循环水利部和地方政府得益矩阵

B \ A	监督力度强	监督力度弱
执行意愿强	$(1+\eta)\pi_i+\varepsilon-(1+\sigma)c_i$， $(1+g)\pi_g-(1+m)M$	$(1+\eta)\pi_i-(1+\sigma)c_i$， $(1+g)\pi_g-M$
执行意愿弱	π_i-c_i-P，$\pi_g+\omega P-(1+m)M$	π_i-c_i，π_g-M

河南省和河北省进行博弈。$R_j(j=1,2)$ 是突发水灾害事件应急管理中地方政府 j 表现出较弱合作意愿时的得益，将其设为基本得

益；假定河南省和河北省均表现出较强合作意愿时的得益可以描述为基本得益与某一系数的乘积，令该系数为 $\alpha(\alpha>1)$，C 为河南省和河北省积极合作所付出的成本，将其设为基本成本，而当博弈双方协同程度较低时，所付出的成本会上升，有两种情况：一是双方都表现出较弱的合作意愿时，各自应付出 βC 的成本；二是一方表现出较强的合作意愿，而另一方表现出较弱的合作意愿时，成本上升会由积极合作的一方承担，其成本为 θC，且有 $\theta>\beta>1$。F 为水利部针对应急管理中不积极合作一方采取措施带来的地方政府政绩效用损失，将其设为个别主体不积极合作时的基本效用损失，当应急过程中出现普遍不积极响应合作行为时，水利部会调整地方政府应急效用损失大小，用 λ 表示调整系数，且 $\lambda \geqslant 1$。根据这些假设，建立博弈的支付矩阵（B_1 表示河南省，B_2 表示河北省），如表 4－5 所示。

表 4－5　　　　第 t 次应急循环河南省和河北省得益矩阵

B_1 \ B_2	合作意愿强	合作意愿弱
合作意愿强	αR_1-C，αR_2-C	$R_1-\theta C$，R_2-C-F
合作意愿弱	R_1-C-F，$R_2-\theta C$	$R_1-\beta C-\lambda F$，$R_2-\beta C-\lambda F$

（二）演化过程的平衡点及平衡点的稳定性分析

对于上述博弈模型，采用非对称复制动态进化博弈分析方法求解。博弈方策略类型比例动态变化是有限理性博弈分析的核心，其关键是动态变化的速度。通常情况下，博弈方学习模仿的速度取决于两个因素，一是模仿对象的数量的大小，二是模仿对象的成功程度，即各应急主体策略类型比例动态变化取决于各策略被选择的概率和各自策略适应度超过平均适应度的幅度的大小。

1. 应急管理政府合作系统水利部和地方政府的演化博弈

地方政府 i 执行应急政策表现出较强的执行意愿的适应度为：

$\pi_{l1}=y_t[(1+\eta)\pi_i+\varepsilon-(1+\sigma)c_i]+(1-y_t)[(1+\eta)\pi_i-(1+\sigma)c_i]$

地方政府 i 执行应急政策表现出较弱的执行意愿的适应度为：

$\pi_{l2}=y_t(\pi_i-c_i-P)+(1-y_t)(\pi_i-c_i)$

则平均适应度为：

$\pi_{lE}=x_t\pi_{l1}+(1-x_t)\pi_{l2}$

整理得到复制动态方程为：

$$\frac{dx_t}{dt}=x_t(\pi_{l1}-\pi_{lE})=x_t(1-x_t)(\pi_{l1}-\pi_{l2}) \tag{4-15}$$

同理，水利部的复制动态方程为：

$$\frac{dy_t}{dt}=y_t(\pi_{g1}-\pi_{gE})=y_t(1-y_t)(\pi_{g1}-\pi_{g2}) \tag{4-16}$$

式(4-15)、式(4-16)构成了一个动力系统，记为 A_1，即：

$$\begin{cases}\dfrac{dx_t}{dt}=x_t(\pi_{l1}-\pi_{lE})=x_t(1-x_t)(\pi_{l1}-\pi_{l2})\\[2ex]\dfrac{dy_t}{dt}=y_t(\pi_{g1}-\pi_{gE})=y_t(1-y_t)(\pi_{g1}-\pi_{g2})\end{cases}$$

分别令 $\frac{dx_t}{dt}=0$，$\frac{dy_t}{dt}=0$，可得到系统 A_1 的平衡点：(0, 0)，(0, 1)，(1, 0)，(1, 1)，(x_t^*, y_t^*)，其中，$x_t^*=\frac{wP-mM}{wP}$，$y_t^*=\frac{\sigma c_i-\eta\pi_i}{\varepsilon+P}$，且仅当 $0\leqslant\frac{wP-mM}{wP}\leqslant1$，$0\leqslant\frac{\sigma c_i-\eta\pi_i}{\varepsilon+P}\leqslant1$ 时成立。按照 Friedman(1991)提出的方法，演化均衡点的稳定性可由该系统的雅可比矩阵的局部稳定性分析得到。记 $F_1=\frac{dx_t}{dt}$，$F_2=\frac{dy_t}{dt}$，则系统 A_1 的雅可比矩阵为：

$$J=\begin{bmatrix}\partial F_1/\partial x_t & \partial F_1/\partial y_t\\ \partial F_2/\partial x_t & \partial F_2/\partial y_t\end{bmatrix}$$

$$=\begin{bmatrix}(1-2x_t)[y_t(P+\varepsilon)-(\sigma c_i-\eta\pi_i)] & x_t(1-x_t)(P+\varepsilon)\\ y_t(1-y_t)(-\omega P) & (1-2y_t)[-\omega Px_t+(\omega P-mM)]\end{bmatrix}$$

其对应的迹为：

$Tr(J)=\partial F_1/\partial x_t+\partial F_2/\partial y_t=(1-2x_t)[y_t(P+\varepsilon)-(\sigma c_i-\eta\pi_i)]+(1-2y_t)[-\omega Px_t+(\omega P-mM)]$

其对应的行列式为：

$$De(J)=\begin{vmatrix}(1-2x_t)[y_t(P+\varepsilon)-(\sigma c_i-\eta\pi_i)] & x_t(1-x_t)(P+\varepsilon)\\ y_t(1-y_t)(-\omega P) & (1-2y_t)[-\omega Px_t+(\omega P-mM)]\end{vmatrix}$$

根据雅可比矩阵的局部稳定分析法，若复制动态方程的平衡点满足 $Tr(J)<0$，$De(J)>0$，则相应的平衡点就是局部稳定的，该平衡点就是演化稳定策略(ESS)；当 $Tr(J)>0$，$De(J)>0$，相应的平衡点则是不稳定点；当 $Tr(J)=0$，$De(J)<0$，相应的平衡点为鞍点。根据雅可比矩阵的局部稳定性分析法，系统 A_1 的平衡点稳定性分析结果如表 4-6 所示。

表 4-6　　系统 A_1 的平衡点稳定性分析结果

平衡点	条件	$Tr(J)$	$De(J)$	局部稳定性
(0, 0)	$\eta\pi_i<\sigma c_i$，$\omega P<mM$	−	+	ESS
(0, 1)	$\sigma c_i-(\varepsilon+\eta\pi_i)>P$，$\omega P>mM$	−	+	ESS
(1, 0)	$\eta\pi_i>\sigma c_i$	−	+	ESS
(1, 1)	$\sigma c_i-(\varepsilon+\eta\pi_i)>P$	+	+	不稳定点
$(x_t^*,\ y_t^*)$	$\sigma c_i-(\varepsilon+\eta\pi_i)>P$	0	−	鞍点

2. 中线应急管理政府合作系统河南省和河北省的演化博弈

采用前文水利部和地方政府演化博弈分析方法，得出河南省和河北省的复制动态方程：

$$\frac{dp_t}{dt}=p_t(1-p_t)\{[(\alpha-1)R_1+(\theta-\beta)C-(\lambda-1)F]q_t-[(\theta-\beta)C-\lambda F]\} \quad (4-17)$$

$$\frac{dq_t}{dt}=q_t(1-q_t)\{[(\alpha-1)R_2+(\theta-\beta)C-(\lambda-1)F]p_t-[(\theta-$$

$\beta)C-\lambda F]\}$ (4－18)

式(4－17)、式(4－18)构成动力系统 A_2，即：

$$\begin{cases}\dfrac{\mathrm{d}p_t}{\mathrm{d}t}=p_t(1-p_t)\{[(\alpha-1)R_1+(\theta-\beta)C-(\lambda-1)F]q_t-\\ \quad [(\theta-\beta)C-\lambda F]\}\\ \dfrac{\mathrm{d}q_t}{\mathrm{d}t}=q_t(1-q_t)\{[(\alpha-1)R_2+(\theta-\beta)C-(\lambda-1)F]p_t-\\ \quad [(\theta-\beta)C-\lambda F]\}\end{cases}$$

系统 A_2 有平衡点(0，0)，(0，1)，(1，0)，(1，1)，(p_t^*，q_t^*)，仅当 $0\leqslant p_t^*\leqslant1$，$0\leqslant q_t^*\leqslant1$ 时成立，其中

$$p_t^*=\frac{(\theta-\beta)C-\lambda F}{(\alpha-1)R_2+(\theta-\beta)C-(\lambda-1)F}$$

$$q_t^*=\frac{(\theta-\beta)C-\lambda F}{(\alpha-1)R_1+(\theta-\beta)C-(\lambda-1)F}$$

根据雅可比矩阵的局部稳定分析法并结合上文对参数的相关定义 $\alpha>1$，$\theta>\beta>1$，$\lambda\geqslant1$，对系统 A_2 的平衡点的稳定性分析结果如表4－7所示。

表4－7　系统 A_2 的平衡点稳定性分析结果

平衡点	条件	$Tr(J)$	$De(J)$	局部稳定性
(0，0)	$\lambda F<(\theta-\beta)C$	－	+	ESS
(0，1)	$\lambda F<(\theta-\beta)C$	+	+	不稳定点
(1，0)	$\lambda F<(\theta-\beta)C$	+	+	不稳定点
(1，1)	$\lambda F<(\theta-\beta)C$	－	+	ESS
(p_t^*，q_t^*)		0	－	鞍点

（三）演化结果分析

根据表4－6和表4－7的平衡点稳定性分析结果，可以得到如下结论：

(1)当 $\eta\pi_i<\sigma c_i$，$\omega P<mM$ 时，地方政府 i 提高执行应急政策

意愿给自身带来的收益小于所增加的额外成本，水利部提高对地方政府 i 的监督力度所获得的诸如声誉提高等效用小于提高监督力度产生的成本。在这种情况下，地方政府 i 执行应急政策的意愿较弱，水利部的监督力度也较弱，从表 4－6 中可以看出，系统 A_1 收敛于（0，0）。

（2）当 $\sigma c_i-(\varepsilon+\eta\pi_i)>P$，$\omega P>mM$ 时，水利部提高对地方政府 i 的监督力度所获得的诸如声誉提高等效用大于提高监督力度产生的成本，但是地方政府 i 提高执行应急政策意愿所增加的额外成本太高，扣除提高执行应急政策意愿所得到的总效用（执行应急政策意愿给自身带来的效用及水利部对其政绩提高的效用之和），依然大于水利部对其执行应急政策较弱的惩罚。在这种情况下，虽然水利部的监督力度较大，但地方政府 i 的应急意愿依然较弱，从表 4－6中可以看出，系统 A_1 收敛于（0，1）。

（3）当 $\eta\pi_i>\sigma c_i$ 时，地方政府 i 提高执行应急政策意愿给自身带来的收益大于所增加的额外成本，即使在水利部的监督力度较小的情况下，地方政府 i 都趋向于表现出较强的执行应急政策的意愿，从表 4－6 中可以看出，系统 A_1 收敛于（1，0）。

（4）当 $\lambda F<(\theta-\beta)C$ 时，系统 A_2 的演化平衡点为（0，0）和（1，1），地方政府 $j(j=1,2)$ 由于合作意愿较弱造成的应急效用减少小于由合作意愿较弱导致的成本增加部分，地方政府 j 均表现出较弱的应急合作意愿；另外，也存在另外一种情况：由于惩罚机制的原因导致地方政府 j 均选择较强的合作意愿，但是系统的最终演化结果不确定，依然存在地方政府 j 均表现出较弱的合作意愿的风险。

（5）当 $\lambda F>(\theta-\beta)C$ 时，系统 A_2 的演化平衡点为（1，1），地方政府 $j(j=1,2)$ 由于合作意愿较弱造成的应急效用减少大于由合作意愿较弱导致的成本增加部分，这种情况下，地方政府在应急中表现出较强的与流域中其他地方政府合作的意愿，有利于应急合作秩序的形成。因此，要规避地方政府同时选择较弱的应急合作意愿，在实际中应适当加大水利部对地方政府的惩罚力度，使其大于地方政府由于合作意愿较弱所增加的成本。

(6) 在 $p_t^* = \frac{(\theta-\beta)C-\lambda F}{(\alpha-1)R_2+(\theta-\beta)C-(\lambda-1)F}$，$q_t^* = \frac{(\theta-\beta)C-\lambda F}{(\alpha-1)R_1+(\theta-\beta)C-(\lambda-1)F}$中，地方政府表现出较弱应急合作意愿时的应急效用 $R_j(j=1,2)$ 及所导致的应急政绩效用损失 F、表现出较强合作意愿时的应急成本 C 及所产生的应急效用增加系数 α 与 p_t^*、q_t^* 有反向的关系；地方政府 j 所承担的自身表现出较强的合作意愿而另一方表现出较弱的合作意愿导致的额外成本系数 θ 与 p_t^*、q_t^* 有正向的关系。

三 数值分析

本研究运用 matlab 软件模拟不同初始状态下地方政府策略选择的动态进化过程。

(1) 假设博弈支付矩阵中各参数值分别为 $\eta=0.2$，$\sigma=0.4$，$\pi_i=10$，$C_i=20$，$\omega=0.5$，$m=0.3$，$P=2$，$M=3$，$\varepsilon=3$，此时，$\sigma c_i-(\varepsilon+\eta\pi_i)>P$，$\omega P>mM$。为了更全面地显示地方政府 i 和水利部的博弈演化情况，这里针对四种初始状态下地方政府 i 和水利部策略选择的动态进化过程进行模拟：(0.8，0.3)，(0.3，0.8)，(0.8，0.8)，(0.3，0.3)，即地方政府 i 和水利部的初始状态选择策略分别为(执行意愿强、监督力度弱)、(执行意愿弱、监督力度强)、(执行意愿强、监督力度强)、(执行意愿弱、监督力度弱)。从图 4-2 中可以看出，在 $\sigma c_i-(\varepsilon+\eta\pi_i)>P$，$\omega P>mM$ 的情况下，无论初始状态如何，地方政府 i 和水利部的策略选择均收敛于(0，1)。

(2) 假设博弈支付矩阵中各参数值分别为 $\eta=0.2$，$\sigma=0.3$，$\pi_i=12$，$C_i=10$，$\omega=0.2$，$m=0.3$，$P=8$，$M=7$，$\varepsilon=7$，此时，$\eta\pi_i<\sigma c_i$，$\omega P<mM$。同样针对四种初始状态下地方政府 i 和水利部策略选择的动态进化过程进行模拟，为简便起见，这里只列出两种初始状态(0.8，0.3)，(0.3，0.8)。从图 4-3 中可以看出，在 $\eta\pi_i<\sigma c_i$，$\omega P<mM$ 情况下，无论初始状态如何，地方政府 i 和水

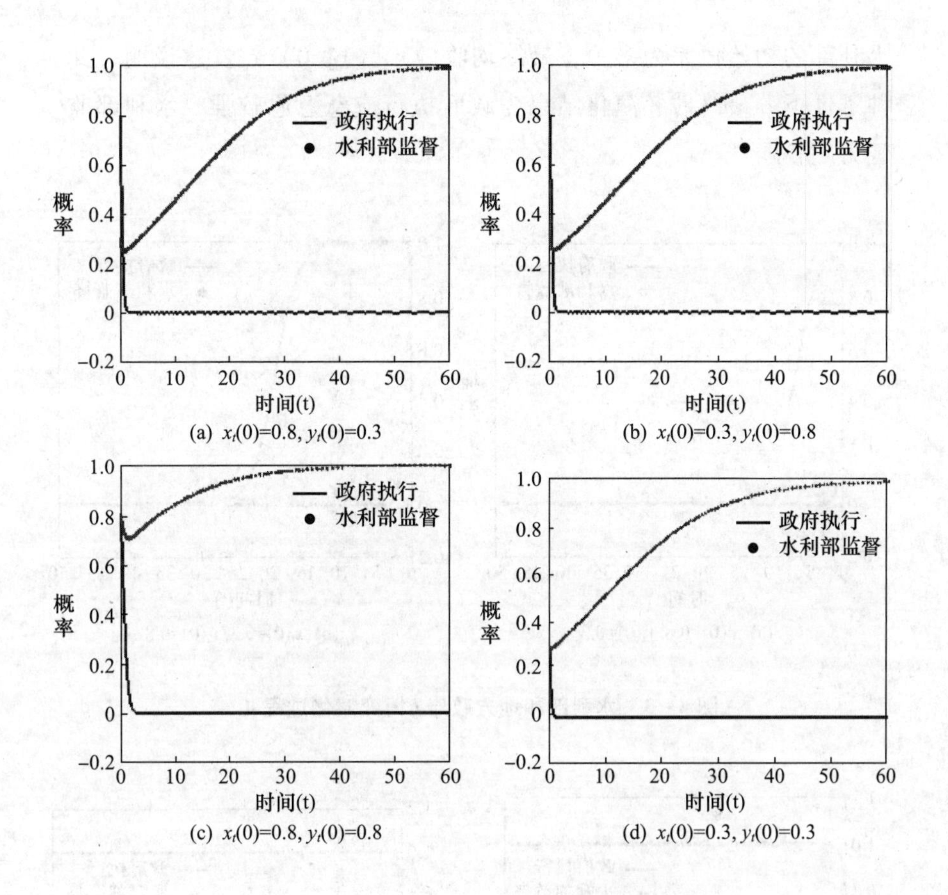

图 4-2　水利部和地方政府 i 博弈演化过程 I

利部的策略选择均收敛于（0，0）。这说明，此种条件下，最终博弈演化结果为地方政府 i 执行应急意愿较弱，水利部监督力度也较弱。

（3）假设博弈支付矩阵中各参数值分别为 $\eta=0.2$，$\sigma=0.2$，$\pi_i=20$，$C_i=10$，$\omega=0.2$，$m=0.3$，$P=8$，$M=7$，$\varepsilon=7$，此时，$\eta\pi_i>\sigma c_i$。同样针对四种初始状态下地方政府 i 和水利部策略选择的动态进化过程进行模拟，为简便起见，这里及下文只列出两种初始状态（0.8，0.3），（0.3，0.8）下对应系统的动态演化过程。从图4-4 中可以看出，当设定的参数满足 $\eta\pi_i>\sigma c_i$ 时，不论政府和水利部的初始概率为多少，最终均收敛于（1，0）点。这说明，此种条件下，最终博弈演化结果为政府执行应急意愿较强，水利部监督力度较弱。

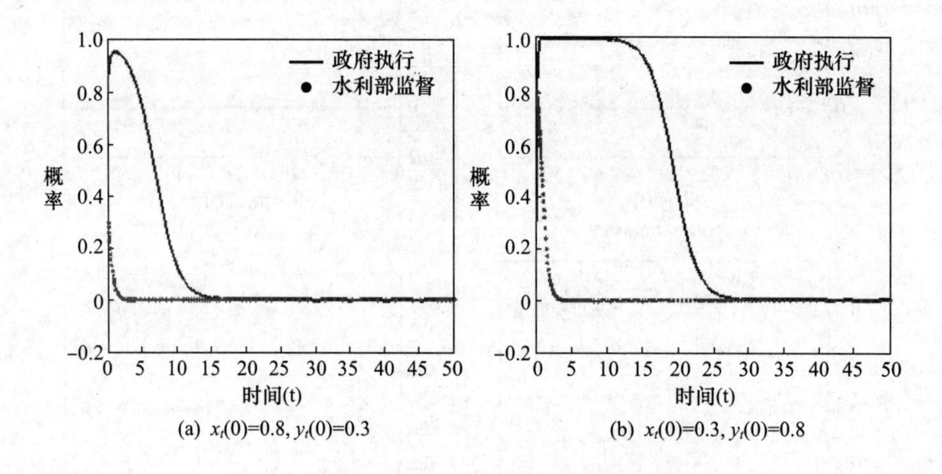

(a) $x_t(0)=0.8, y_t(0)=0.3$ (b) $x_t(0)=0.3, y_t(0)=0.8$

图 4-3 水利部和地方政府 i 博弈演化过程Ⅱ

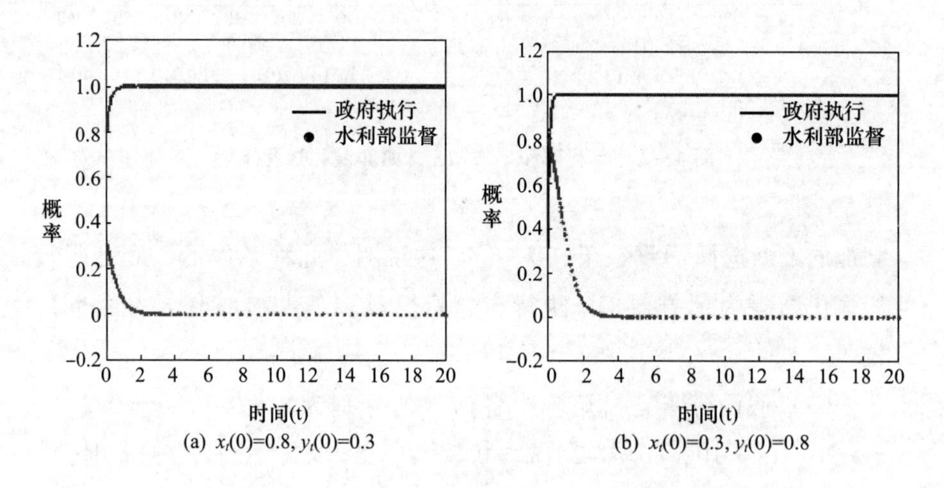

(a) $x_t(0)=0.8, y_t(0)=0.3$ (b) $x_t(0)=0.3, y_t(0)=0.8$

图 4-4 水利部和地方政府 i 博弈演化过程Ⅲ

（4）假设博弈支付矩阵中各参数值分别为 $R_1=R_2=18$，$C=9$，$\theta=2$，$\alpha=1.1$，$\beta=1.1$，$F=3$，$\lambda=1.1$，此时 $\lambda F<(\theta-\beta)C$。

图4－5中列出了四种初始状态下河南省和河北省策略选择的动态进化过程。从图中可以看出，在不同的初始状态下，系统 A_2 最终并未演化为一个点，而是两个点（0，0）和（1，1），即河南省和河北省都表现出较强的合作意愿或均表现出较弱的合作意愿，并不能保证河南省和河北省最终都选择表现出较强的合作意愿，系统的整体演化结果不稳定。

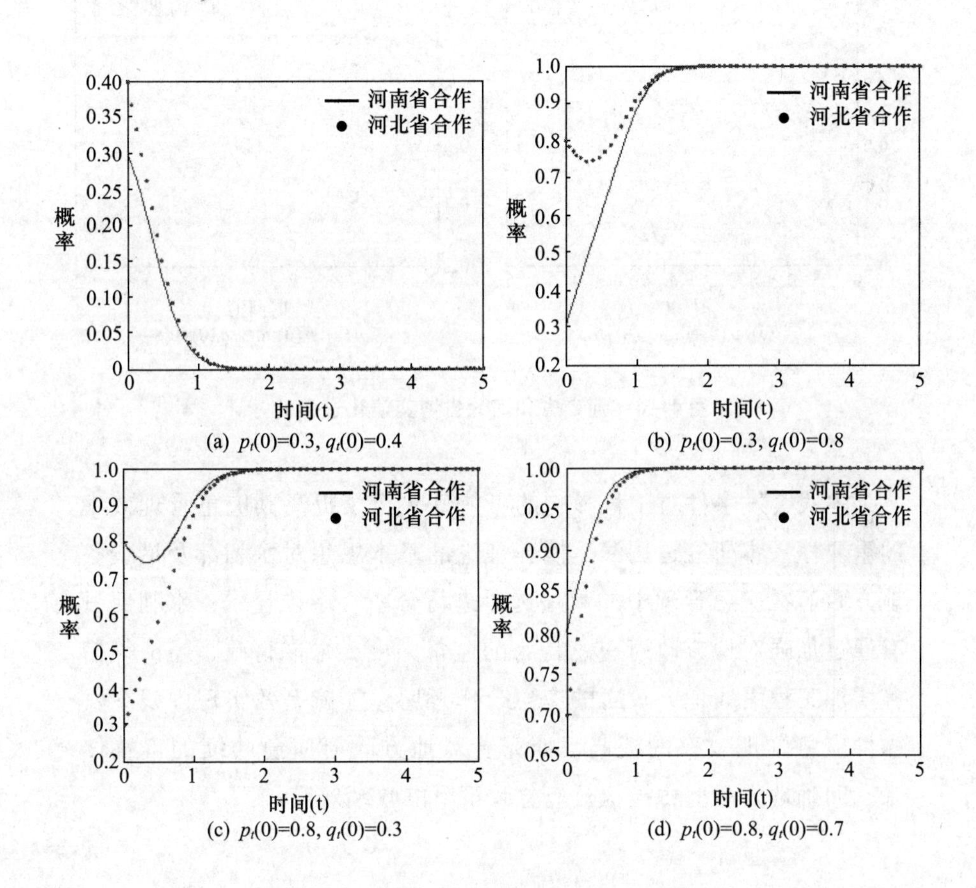

图4－5 河南省和河北省博弈演化过程Ⅰ

（5）假设博弈支付矩阵中各参数值分别为 $R_1=R_2=18$，$C=7$，$\theta=1.6$，$\alpha=1.1$，$\beta=1.1$，$F=4$，$\lambda=1.1$，此时，$\lambda F>(\theta-\beta)C$。图4－6列出了初始状态(0.8，0.3)，(0.3，0.8)下河南省和河北

省策略选择的动态进化过程，从图中可以看出，当所取参数满足 $\lambda F>(\theta-\beta)C$ 时，不论河南省和河北省的初始策略选择如何，系统 A_2 最终均演化到稳定点（1，1），即演化的结果是两省均表现出较强的合作意愿。

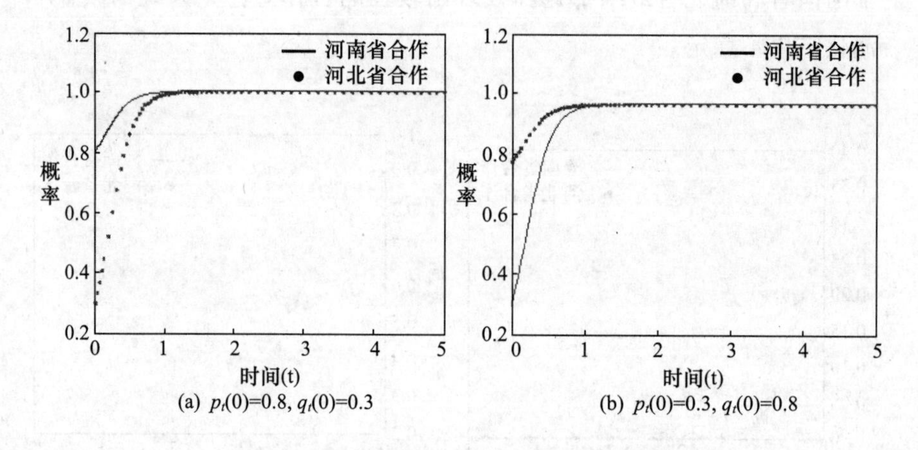

图 4-6　河南省和河北省博弈演化过程Ⅱ

中线突发事件对工程影响的可能性决定了提高其应急管理效率的重要性。本研究运用演化博弈理论的基本思想对水利部及沿线各地方政府在应急管理中的策略选择进行分析，结果显示：水利部只有通过加强对地方政府应急行为的监督力度，采取行政、经济等措施增加工程沿线地方政府的应急合作意愿，才能有效实现中线突发事件应急管理效率的提高，如完善对地方政府应急政绩的审核体系，明确地方政府积极执行应急政策下的政绩效应。

第五章　跨流域调水工程突发事件中网络舆情监控预警

网络舆论指的是通过互联网表达和传播的各种各样的情感、态度和意见。网络舆论危机由一种涉及人民利益的特殊刺激问题引起，在相对短的时间内生成大量的信息。这些信息直接抓住刺激事项本身或其部分内容，在一个社区或更大范围的人群中引起较大的社会反响。最终，事项的刺激方或事项本身形成激烈的意识或相反的观点。如果不能以正确方式处理刺激事项，公众舆论危机可能在很短的时间内成为意想不到的冲突事件。“公众舆论”在中国是一个概念。

Wang 将公共舆论定义为人们的社会和政治态度，主要指的是人们对在社会事件发生、发展及一定社会空间变化中的社会对象的社会政治态度和政治倾向。Zhang 将公共舆论的范围进行了扩展，他认为，公众情绪是被称为“社情民意”的社会环境和人们的主观意图。一些学者认为，公共舆论是社会各个阶层所持有的关于生存和发展的社会情绪、态度、观点、想法及行为倾向。公共舆论的概念延伸并扩展到了网络空间。Ji Hong 将网络舆论定义为互联网用户对当权者的态度，以及对当权者对公众情绪变化的政治取向的态度。Li 认为网络舆论是在一定的网络空间中，互联网用户对社会问题发生发展过程中的国家管理者的社会政治态度。Zeng 将互联网舆论定义为通过互联网传播的有关事件的各种知识、态度、情感和行为倾向的集合，其事件在网上传播是由于信息扩散刺激造成的。Liu 提出网络舆论是通过互联网舆论表达和传播的各种情绪、态度和意见。本书的网络舆论指的是通过个人、团体或组织在网络空间中，通过文本、图片、声音、视频、漫画等方式，发布的有关情感、态度、意愿、观点和行为信息，包括原创内容、转发内容、新闻和报告评论。

互联网内容具有复杂性、实际交互性、情绪感染和整体可控性等特征。如今，人们使用网络不仅是简单地收、发电子邮件或获取信息，而且通过网络还可进行人际交互、政治参与等。互联网已被广泛应用于公民生活中，已经成为党和政府进行公共决策时考虑的重要因素。因此，中国已经进入了一个“大众麦克风”的时代，社交媒体格局正在发生着巨大的变化。

第一节　公共舆情引起危机事件的过程

每个公共网络或手机的用户均有可能成为“公民记者”，甚至在一些公共危机中成为第一个信息来源。尤其是微博媒体，它在新闻和公共舆论方面具有不可低估的强大力量。随着互联网从Web 1.0发展到 Web 2.0，互联网逐渐成为一个强大的舆论平台。在 Web 1.0 技术下，人们只能点对点邮寄，不能大范围邮寄，但在 Web 2.0 技术下，我们可以发布信息，通过回复评论、消息、博客、播客、微博、论坛等其他网络新兴媒体与他人互动。这些新兴媒体因具有即时、方便、开放、自由等特征，因此成为最方便的舆论渠道和平台。

如今，随着互联网的日益普及，人们越来越多地使用互联网来表达他们的想法和行动，一些言辞激烈的网络舆论也可能将政府、企业甚至个人推到风口浪尖，并引发致命的危机。因此，舆论的网络危机预警研究是非常重要和紧迫的。

网络舆论造成的公共危机可分为以下四类。

一　导火索——刺激事件

传统媒体生产信息的方式非常简单，主要通过记者和自由撰稿人完成，被访谈者主要是专家和商业领袖。由于空间有限，只有少数群众能够接受采访，大众的意见并不能得到反映。随着互联网技术的快速发展，其用户的高端精英变成了普通大众。传统媒体“观众”已经成为媒体信息或新闻的生产者和传播者。网络媒体的发展使公众对传统媒体的关注度日益下降。由于信息在互联网空间中的传播没有时间和空间的约束，所以一条信息可以在短时间内以较低的成本通过互联网服务传播到世界各地。换言之，只要这条信息能够吸引用户的注意力，引起网民的共鸣，则其就将会加速传播，进而成为一个热门话题，形成网络舆论，甚至引发公共危机事件。

二　基础——互联网用户的共同体验

共同体验是互联网用户产生共鸣的先决条件，也是公共危机事件形成和深化的一个基本元素。信息技术的迅速发展为人们提供了各种各样的社交网站和即时通信工具。人们以更低的成本表达意见和传播信息，并超越了时间和空间的限制。人们讨论话题和表达意见的立场主要是基于自己对人物等话题的偏见，远大于话题本身对他们立场的影响。特别是在一个巨大的网络中，话题的显著性是有限的。公众参与讨论的原因是他们与其他用户有着共同的体验。共同经历的作用是能够将不同类型的用户整合起来，培养有关特定话题的同种类型的用户。这些同种类型会成为互联网用户的坚定立场，甚至成为采取集体行动的力量。

三　媒介——互联网用户

广大互联网用户在舆论的发展中扮演着重要的角色，推动着网络民意关注和在互联网空间中对于特定事件的讨论。我们可以将网络舆论中的互联网用户划分为四种类型：草根、网红、网络意见领袖和网络规划师。

四 催化剂——大众传媒

在网络突发事件中，大众传媒是网络舆论的催化剂。网络技术的发展使网络用户向民粹主义的方向转变。公众从信息的“观众”成为信息的创造者和传播者。博客、推特和其他社交网络平台的全面发展使人们进入了自媒体时代。在传统媒体中，公众的信息需求和偏好并没有得到足够的重视，而在网络空间中，对新闻或事件的公共评论可使其他互联网用户产生共鸣。网络媒体快速发展，其影响远远超出了传统媒体时代的主流媒体。在网络环境下，公众的注意力有选择性地关注他们认为有意义的和有趣的新闻和信息。公众的注意力是有限的，这正是大众媒体可持续发展的根本动力。

网络舆论引发公共危机的过程包括以下四个方面。①孕育。网络舆论是指互联网用户对事件的评论、态度和意见。网络舆论的酝酿期可以分为网络引起的真实事件和在网络空间中的主要网络舆论。一旦传统媒体对事件进行报道，它在网络空间中的传播将比在传统媒体中的传播更为迅速。网络空间中主要的网络舆论往往是网络评论空间和网站的主题。②扩散。互联网的扩散指的是某事件在网络空间中最初由一个或一些网民所关注，并且由于互联网具有互联、无边界的性质，使其最终成为较多互联网用户所关注的一个热点问题。这种扩散通常没有理性和尽头。③爆发。舆论被广泛传播之后，由于信息变化或新信息的添加，随着网络观点引导者、传统媒体及其他媒体的变化而发生了根本性变化。互联网舆论逐渐强烈，媒体报道程度达到顶峰。互联网用户参与到事件中使舆论传播呈几何趋势扩大。在传统媒体、网络媒体和社交媒体的互动中，对事件的关注达到了前所未有的高度，可能会引发舆论爆炸，也可能演化成线下网民的互联网群体性事件。④衰减。网络舆论的衰减指的是一个网络舆论开始削弱，逐步平静下来。当与事件有关的所有社会资源被耗尽，用户对事件的兴趣将逐渐下降。

第二节　跨流域调水工程突发事件中网络舆情预警模型

对网络舆情危机进行预警通常有两种方法：内容分析方法和网络测量方法。网络内容分析是基于网络环境的内容分析技术在互联网空间中的应用。近年来，现代网络信息交换越来越频繁，进行网络内容分析变得越来越重要。网络测量方法是一种网络链路特性的客观评价和定量分析方法，网站流量分析被广泛用于许多领域，如搜索引擎、网站评价等科学信息交流领域。

模型通过主成分分析和含 15 个原始指数的支持向量机方法量化，主成分分析的结果作为支持向量机方法的输入。

根据回归数学算法，基于公共预警的数学回归函数如下：

$$y_i = f(x) = w \cdot \Phi(x_{ij}) + b_i \tag{5-1}$$

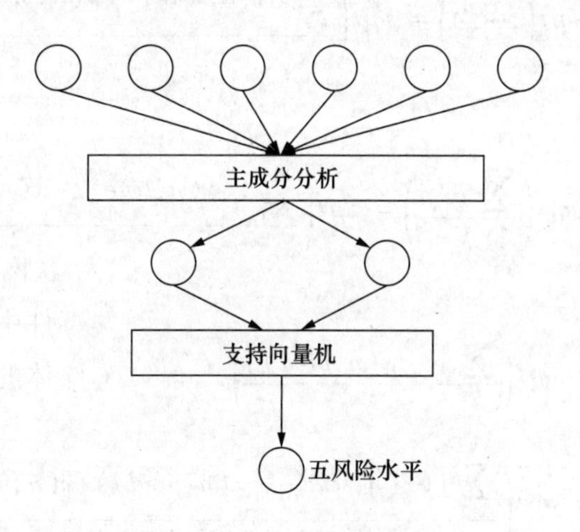

图 5－1　支持向量机的结构

根据基于支持向量机的回归预测模型程序（见图 5－1），我们可以得到公共危机预警 SVM 模型：

$$y = \sum_{i=1}^{n} (\overline{\alpha_i} - \overline{\alpha_i^*}) K(x_i, x) + y_i \cdot \sum_{j=1}^{n} (\overline{\alpha_j^*} - \overline{\alpha_j}) K(x_i, x_j) \pm \varepsilon \tag{5-2}$$

我们进行了初步实验，使用高斯径向基核函数识别和解决公共危机的预警，结果非常好，并且相对准确。因此本书将高斯径向作为基本函数，构建基于支持向量机回归的预警模型：

$$y = \sum_{i=1}^{n} (\overline{\alpha_i} - \overline{\alpha_i^*}) \exp\left[-\frac{|x_i - x|^2}{2\sigma^2}\right] + y_i \cdot \sum_{j=1}^{n} (\overline{\alpha_j^*} - \overline{\alpha_j}) \exp\left[-\frac{|x_i - x_j|^2}{2\sigma^2}\right] \pm \varepsilon \tag{5-3}$$

为了准确地描述预警模型的效果，本书进行了一些预测模型的预测精度评估的定量评价。在回归分析中，模型预测的准确性往往通过误差反映出来，如均方误差、平均绝对误差、平均绝对百分比误差。其公式如下：

$$MSE = sqrt\left(\frac{\sum e_n^2}{N}\right) = sqrt\left(\frac{\sum_{n=1}^{N} (x(n, true) - x(n, pred))^2}{N}\right) \tag{5-4}$$

$$MAE = sqrt\left(\frac{\sum |e_n|}{N}\right) = sqrt\left(\frac{\sum_{n=1}^{N} |(x(n, true) - x(n, pred))|}{N}\right) \tag{5-5}$$

$$MAPE = sqrt\left(\frac{\sum |e_n / x(n, pred)|}{N}\right) = sqrt\left(\frac{\sum_{n=1}^{N} |(x(n, true) - x(n, pred)) / x(n, pred)|}{N}\right) \tag{5-6}$$

均方误差 MSE、平均绝对误差 MAE、平均绝对百分比误差 MAPE 是评估模型的预测精度的三个主要指标，其值的大小反映了真实数据水平与模型预测值之间的差异程度。在网络舆论危机预警模型中，它们的值越小，则表示真实数据水平与模型预测值之间的差异程度越小。这说明了模型的精度越高，预警效果越好。

第三节　网络舆情危机预警实证分析

网络舆情危机等级的取值范围如表 5－1 所示。

表 5－1　　网络舆情危机等级的取值范围

危机预警级别	无	轻	中	重	严重
专家评分范围	[0, 0.3]	[0.3, 0.5]	[0.5, 0.7]	[0.7, 0.9]	[0.9, 1.0]

一　基本处理思想

本书进行网络舆论危机预警指标分析，判断指标是正值还是负值。正指标值大，证明危机程度较高；负指标值大，证明危机程度较低。在分析模型的数据时，我们经常将数据进行无量纲处理，将其转换成 0 到 1，以提高数据的可用性。

二　正指标处理

正指标值大，证明危机程度较高。在支持向量机回归预测模型中，标准化公式如下：

$$x_{ij} = (x_{ij} - x_{min}) / (x_{max} - x_{min}) \quad (5-7)$$

三　负指标处理

负指标值大，证明危机程度较低。在支持向量机回归预测模型中，标准化公式如下：

$$x_{ij} = (x_{max} - x_{ij}) / (x_{max} - x_{min}) \quad (5-8)$$

模型的 36 组训练集由向量的 8 个主分量构成。输出是行业专家给出的 36 个时间节点上的危机等级分数。模型通过学习培训程序训练支持向量机模型。我们通过模型预测 10 月 1 日到 10 月 7 日的危机等级，并与由 7 位专家给出的实际数值进行比较，可以分别获得错误比例和变化趋势情况。图 5 - 2 和图 5 - 3 是训练集和模型测试预测值的比较。

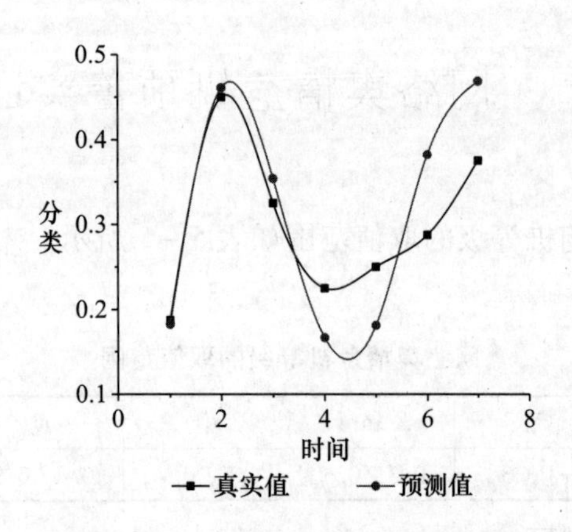

图 5 - 2　训练集的模型预测结果和真实值的比较

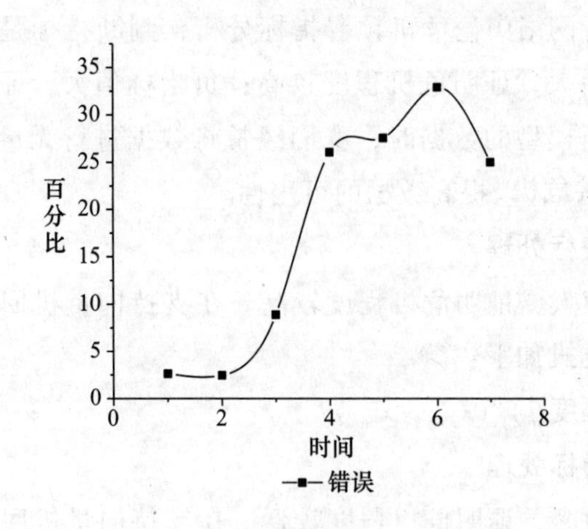

图 5 - 3　模型测试预测集的比较结果

实验结果表明，模型的均方误差为 0. 019601，模型的平均绝对误差是 0. 12908，模型的平均绝对百分比误差是 0. 66221。训练模型中指数的测试结果误差相对较高。从图 5 - 2 中可以看到，当危机程度大于0.5，网络舆论危机预警模型的学习过程是很好的。网络舆论危机预警能够及时发现危机程度较高的舆论事件，并及时做出反应以降低危险。当危机程度小于0.5，网络舆论危机预警模型处在学习过程。由于涉及国家、社会和公众的整体利益，它的覆盖范围包括社区组织、团体、个人或公共设施，可造成较大的伤害。与此同时，互联网用户不仅简单地通过网络收发电子邮件或获取信息，而且还会进行人际交互和政治参与及其他许多方面的活动。自从互联网被广泛应用于公民生活，其已成为党和政府进行公共决策时考虑的重要因素。在这一点上，预警模型比较实用，具有一定的价值。

基于上述分析，基于支持向量机的网络舆论危机预警模型是合理而有效的。所以我们认为这个模型可用于政府危机管理部门，但我们必须在模型应用过程中注意以下方面：

（1）网络舆论危机预警是实时的。由于需要大量的原始数据，因此该模型需要计算机的大力支持，如网络信息检索、主题挖掘、情感分析和其他工具，并需要对取得数据的效果和效率不断进行优化。

（2）公共危机可分为五个层次：没有警报、轻微的警报、中级警报、严重警告和巨大的警情通报。有关部门应该监控网络舆论的使用并设置危机阈值。超过某一阈值时，有关部门应开始关注公众舆论，根据危机预警模型采取适当措施。

当危机程度小于0.5时，表明事件处于一个无警报或轻微警报的状态。这时，我们应该密切关注这场危机的趋势曲线和警告曲线迅速上升的时刻。这可能是危机发生前的预兆，然后我们必须分析导致这种情况的原因并及时引导舆论，防止危机的发生。当危机程度大于0.5时，表明公众舆论事件处于危险时期，其程度达到了需要相关部门做好准备工作以应对危机。网络舆论危机预警的目的是当网络舆论事件等级超过一定值时及时发现危机。本书设定的舆论危机程度值为0.5。当危机程度大于0.5时，我们必须启动警报，迅速做出行动，及时分析原因，采取适当的应急措施，消除人们不满的情绪，以防止舆论危机不断上升，造成巨大的和危险的事件。当危机程度大于0.9时，表明事件危险等级很高。如果不及时处理，可能会引起社会的动荡，导致一些暴力行为。在这个时候，所有相关部门要联合起来，以控制事态进一步发展。最好的实践是告诉公众真相、惩罚涉及人、出台政策，及时消除人们心中的愤怒，逐渐转移人们对公共舆论事件的注意力。此外，原有的教训可以防止类似危机再次发生。

第六章　南水北调中线工程动态协同应急管理机制构建

近年来，南涝北旱、水土流失、生态恶化、水资源匮乏等一些自然生态环境问题对我国经济、社会、环境的发展构成了重大威胁，南水北调的设想在我国拉开了研究的序幕。南水北调工程是解决我国北方水资源严重短缺，优化水资源合理配置，支撑北方经济、社会、环境可持续发展的重大战略性工程。南水北调中线工程是一个长距离输水工程，调度管理任务十分艰巨，跨江、淮、黄、海四大水系，含鄂、豫、冀、京、津三省两市，穿过700多条大小河流，总干渠与大量江、河、沟、渠、公路、铁路相交，沿渠布置多种类型交叉建筑物、控制性建筑物等。中线工程是一个长距离的输水系统，工程运行管理、水量联合调度、水质安全、沿线生态与环境保护是确保工程运行平稳、水质安全达标、最大化发挥工程效益的前提。由于中线工程规模大、投资多、调水量大、涉及地域广、影响因素多，工程运行管理协调任务艰巨，若沿渠任何一座建筑物发生突发事故，或者发生其他任何一件突发事件都会危及全线工程的运行，因此中线工程是一项系统工程，要以系统的观念和方法，立足整体，统筹全局地认识中线工程的运行管理，统一协同，强调三省两市联合运行机制。南水北调中线工程尚处于运行的起步阶段，针对突发的应急事件原有的预案式应急管理机制是静态管理，而由于工程自身的特殊性，以及突发事件的相关性、连续性、因果性等特点，只有将南水北调中线工程运行管理与动态协同的应急管理机制相结合，才是最大限度地发挥南水北调中线工程经济效益、社会效益、生态效益与政治效益的根本所在，也是一项艰巨的任务。

第一节　南水北调中线工程动态协同应急管理机制概述

一　南水北调中线工程概况

南水北调中线工程是一项双跨长距离特大型调水工程，自汉江下游丹江口水库引水，横跨江、淮、黄、海四大流域，直达北京市的团城湖和天津市外环河，全长1432千米。总面积15.5万平方千米，占全国的1.6%，耕地面积840万公顷，人口1.1亿，均占全国的9%，人口密度每平方千米700余人，耕地利用率54%，是耕地、人口较密集的地区。京广、京九、焦枝铁路纵贯南北，跨越了北京、天津、石家庄、保定、沧州、邢台、邯郸、安阳、新乡、焦作、郑州、许昌、平顶山及南阳等十余座大中城市和百余座县城，城市化水平较高。区内工农业生产基础设施较好，工农业生产在国内占有重要地位，能源及其他矿产均有较大的开发利用价值，唯水资源匮乏制约着经济持续发展。其中北京、天津、石家庄、郑州等大中城市均属于全国严重缺水城市之列。长江水通过总干渠自流输送到华北平原地带，对于严重缺水地区而言，输水犹如输血，中线工程将成为华北平原的命脉。

南水北调中线工程全线建筑物种类繁多，布置复杂，且缺乏在线调节水库，加之工程在运行管理过程中涉及总公司、分公司、管理处等多个层次，以及水量调度、工程监测、工程运行维护与管理、工程防洪、水质监测等不同专业领域，因此在工程的运行管理上存在着很大的难度。调研发现，目前南水北调中线工程在应急响应方面存在以下问题：①管理过程缺乏完整的应急响应体系，工作流程不明确；②应急响应过程中所涉及的信息需要全面精确，而目前中线工程的各专业系统只能提供水情、水质或安全监测等单一方面的信息，缺乏对于信息的汇总与分析展示；③相关信息不能及时准确高效传递。针对上述问题及需求，结合B/S体系结构，本研究提出了南水北调中线工程应急响应系统的设计思路。

二　南水北调中线工程动态协同应急管理机制的内涵

南水北调中线工程是一个长距离的输水工程，工程体系本身的复杂性、水量调度的复杂性、工程管理的复杂性等特点，决定了工程运行维护中重点要害部位、水质是否安全达标、沿线环境与生态保护等每一类工程运行中存在着因果性的风险隐患，即工程风险隐患突发事件具有不确定性、突发性、敏感性、破坏性、连贯性和动态性等特点。另外，中线工程作为京津冀豫等受水区的重要饮用水源，特别是其水质状况关系到居民的用水安全，如果没有应急机制加以应对，一旦出现水质安全等突发事件，必然成为社会关注的焦点，也将对整个中线系统工程产生较大的影响，甚至对整个社会带来较大的影响。南水北调应急管理机制是指在风险突发事件发生之前、之中、之后，其主管部门为预防突发事件，或减轻或减缓事件对工程的影响和损失，恢复工程稳定运行所采取的具体行动与措施。

南水北调中线工程处于初步运行阶段，沿线总干渠事故隐患较多，如水源区的水质安全问题，在沿线工程维护及水量的联合调度等过程中各类突发事件时有发生。若中线工程构建有效的应急管理机制则可以防止风险突发事件衍生扩散，把对工程的损失减少到最小程度，因此开展中线工程应急管理机制的研究对保证应急决策的科学性、提升应急救援能力具有重要意义。

近年来，随着工程拉开研究序幕，针对南水北调中线工程运行管理中的风险事件，及中线总干渠相关建筑物风险事件的失事模式等突发事件的应急管理，众多学者纷纷进行了深入研究。吕端通过分析南水北调中线工程重大水污染事件应急机制建立存在的相关问题，提出如何建立与完善重大水污染事件的应急机制，包括相关的法律法规、健全的机构与完善的资金保障，及应急信息的三级通报制度。熊雁晖等根据南水北调中线工程的特点，总结了各类工程建筑物失事模式，对中线工程建筑物的突发风险类型进行识别与分析，并提出了改善与提高调水系统可靠性的具体有效措施，确定最优突发事件的应急安排、配套的维修设备和物资及必要的应急水量储备等。何江等针对通水后的运行管理中的各类应急事件，落实应急抢险方案，制定应急预案，论述了确保工程平稳运行的安全措施。南水北调中线工程突发风险事件涉及的是多阶段、多目标、多部门的应急决策，如水利、环保、交通、城建、司法等多个部门，但上述研究较少考虑参与应急决策部门之间的动态协同作用。基于此，本书将通过分析动态协同的应急特征，论述构建南水北调中线工程动态协同应急管理机制的必要性，并针对其功能，提出设计框架与运行机制。

南水北调中线工程动态协同应急管理机制的实质是协调参与应急事件的诸部门的利益，优选一个应对突发风险事件相对满意的处置方案，因此，我们可以将南水北调中线工程动态协同应急管理机制考虑用目标规划模型来描述，寻求利益与成本的最优解。即南水北调中线工程动态协同应急管理机制具有开放性、机制复杂性等特征。开放性表现在多部门性与多目标性，由于工程自身的特殊性，风险突发事件影响范围广、破坏性大，为及时有效应对，必须联合三省两市的水利、环保、交通、城建、司法等多个部门协同开展应急救援；同时，应急管理机制通常是参与协同部门的方案集合，各部门对涉及自身部门方案有评判维度，如风险、成本与可行性的相互关系。因此，动态协同地考虑各个部门目标，优选出满意化机制是及时、有效的应急响应保障；机制的复杂性体现在参与应急突发事件的各部门之间的关系复杂多样，表现为独立关系或者依赖关系，如应急物资储备部门与运输部门、消防医疗等应急服务机构都是相互协同、相互依赖的，即每个部门对应急机制的认可程度一方面取决于自身对其的认可程度，另一方面取决于受其影响的部门对机制的认可程度。

第二节　构建南水北调中线工程动态协同应急管理机制的必要性

构建南水北调中线工程动态协同应急管理机制是工程运行的前提，水量的联合调度是工程运行的基础，对中线工程的有效管理是工程运行的关键保障，水质的达标与否是工程运行的根本。即通水后水量的联合调度、水质的达标以及工程有效的管理三者的运行需要有完善的动态协同应急管理机制来支撑保障。通过采取有效的应急处理程序，根据突发事件的发展，动态修正与调整应急处置方案，并适应多部门协同过程中可能出现的变化，解决中线工程不同的应急突发事件，从而确保工程良好运行，实现水资源可持续发展。

一　保障水质的需要

南水北调中线工程通水后，作为受水区的重要饮用水源，其水质状况关系到居民的用水安全，一旦出现水质安全问题，必然会成为社会各界关注的焦点，故水质是否安全达标是工程运行的根本。首先，南水北调中线沿线劣质地下水有可能进入渠道，影响输水水质的安全。中线输水总干渠从丹江口水库陶岔渠首引水，经过伏牛山、太行山山前的一系列冲洪积扇地区，沿线多数地段地下水位埋藏较深，绝大部分地下水位低于渠道设计水位，不存在地下水进入渠道的可能。但是在河南省及河北省境内的明渠段存在地下水位高于渠道水位的渠道，在中线工程可行性报告论证中对沿线干渠地下水采取混凝土衬砌，特别是对于地下水位高于渠道水位地段混凝土衬砌厚度加厚一倍以上，另加设双面复合土工膜，在理论上排除地下劣质水入渗影响渠系水。但是理论论证与实践往往存在一定的差异，对于衬砌的处理从设计方到施工方，再到监理方的城建管理部门，存在一层层的监管缺失，如有资质的施工方通过招投标拿到工程项目后，通过再一次的工程分解转包给资质不深的或者没有资质的施工游击队。对于高要求的混凝土衬砌设计、双面复合土工膜，从材料、施工工艺及后期的养护上完全不能保证工程质量及工程的使用寿命。在地下水位高于渠道的明渠段随时都有可能因为工程质量问题使得劣质地下水进入渠道污染水质。

其次，水源区存在生态环境的突出问题，植被损毁严重，导致水土严重流失，进而加重水源区水质污染问题。中线工程水源区位于丹江口水库的上游，天然入库水量充沛，既是南水北调的水源区和保护区，又是长江中上游重点水土保护区。但为支援国家建设库区导致资源被过度消耗，工矿企业增多，造成大面积植被损毁，进而导致水土流失、土地荒漠化，泥沙淤填降低了库容量及水源的自我调节能力，另外，处于水源区的十堰城区排污管网基本未建设，所辖区工业污染治理水平低、各支流稀释能力弱，导致污水排入丹江口水库。为保障水质的安全问题，通水后明渠段的两省应按照环保部门要求，在水源区上游城区要按照源头控制、过程阻断、末端治理的思路，加强对沿线用水的环境、重点要害部位的检查，并且对沿线污染项目污染物的排放进行跟踪检查，实时监测地下水渗透现象。由于管理内容与方式的交叉性，需要两省各市管理段设置专门的应急管理机构，建立完善的资金保障及应急水污染事件的三级通报制度，做到多阶段、多部门、多目标的动态协同应急响应。

二　实现水量联合调度的需要

水质是否达标是工程运行的根本，水量的联合调度是工程平稳运行的基础，合理调度水资源对确保水资源可持续利用、支撑受水区经济社会可持续发展具有重大意义。中线工程的水资源调度具有多目标、不确定、非线性等复杂性的特点，需以多年的平均调水量与受水区水量分配指标为依据，从计划、措施、机制入手，及时了解丹江口水库可调水、受水区需水、输水工程供水信息，综合考虑受水区地表水、地下水与中线干线工程调水的联合运行及丰枯互补作用，快速采集沿线的各种紧急情况信息，启动突发应对预案，统一实施各部门动态协调，通过应急处置方案的动态修正确保工程水量调度的目标实现。

水量调度的复杂性首先表现在天然来水的不确定性，中线工程横跨不同的气候区，水源区汉江流域降雨量呈现出南岸大于北岸、上游大于下游的分布规律，降雨量径流呈现丰枯交替变化且年际变化大的特点，即丹江口水库上游来水不确定性较大，水源区与受水区来水的不同丰枯组合对水资源调度产生较大影响。其次表现在水源区水量调度的复杂性，规划时确定丹江口水库运行调度的原则在通水后进行了重大调整，影响了原利益相关者，如何实现中线水源公司与汉江集团的主辅分离与资产重组，既要确保构建产权明晰、运转顺畅的水源工程制度，又要确保汉江集团的利益，维护库区稳定，是中线工程面临的一项巨大挑战，即需要针对水源区调度部门多元性特点建立水源调度项目应急突发事件的动态协同机制。最后表现在受水区水资源调度的复杂性，由于受规划阶段需水预测事件和条件的限制，以及各省市采取的不同节水用水制度、治污力度、产业结构调整规模大小等因素的影响，受水区的需水量存在预测的不确定性，需不断地进行应急调度方案的动态修正。

三　提高工程管理效率的需要

工程的有效管理是中线工程运行的关键保障，对于工程管理而言构建中线动态协同应急机制的必要性体现在工程管理的复杂性，主要包括管理体制的多层次与管理内容的多样性。首先，南水北调中线工程涉及多个层次的管理机构，包括国家水利行政主管部门与其他相关部委、流域机构、地方水利行政主管部门及相关部门、中线水源公司与干线公司、各自来水公司和用水户等，即体现参与突发应急事件的多部门性。为有效及时地应对破坏严重、事态紧急的中线工程突发事件，必须凝聚多部门多方的应急力量，联合协同开展应急救援。其次，管理内容的多样性。工程运行管理主要包括安全巡查与重点要害部位的防范，注意检查渠道建筑物的问题，如有无人为或自然因素造成的倾覆与滑移、渗漏破坏、结构失事、地质风险、管道爆裂以及冰害风险等事件。针对描述可能发生事件对中线工程的负面作用，对总干渠各类建筑物类型存在失效模式的发生方式进行预测与防范。不管是洪水、暴雨、地震等自然因素还是施工不满足设计要求、日常运行维护操作不当等人为因素，都存在事故发生的突发性与演化的不确定性。为了迅速、有效地控制事故，尽可能减少工程损失，动态协同应急响应需把握事故发生的不确定性，在时间约束条件下进行多目标决策。

第三节　南水北调中线工程动态协同应急管理机制总体设计

一　南水北调中线工程动态协同应急管理机制的功能

根据《国家突发公共事件总体应急预案》的指导方针，针对工程闸门突发故障、工程安全事故、突发水污染事故、突发超标准洪水、紧急调水等工程自然灾害事故和恐怖袭击险情，从组织体系、运行机制、应急保障、监督管理四个方面提出快速响应的应急响应机制。应急响应建设的指导思想是：健全体制，明确责任；统一领导，分级管理；常规调度与应急调度结合；全线联动，科学应对；协调管理，共享互动。应急响应体系应该包含组织与管理及其建设。应急响应工作在南水北调中线干线工程的运行维护过程中发挥着至关重要的作用。通过应急响应系统，实现对于突发事件相关资料快速、完整地汇集，以便决策者能够及时、完整地了解突发事件的相关情况和进展，同时提供预案、处置建议等资料辅助决策；决策制定后，通过应急响应系统开展对于突发事件应急处置的指挥与跟踪反馈等工作，从而实现对于突发事件应急响应的流程管理及对于突发事件的快速响应。具体包含以下几个方面：

（一）应急流程管理

应急响应系统应当明确应急流程，并对应急流程进行管理，使用户明确不同阶段应当准备和完成的工作；同时系统应当能够提示用户当前应急处置进展的情况。

（二）信息收集与评价

应急响应系统应当能够通过自动采集或手工录入等形式接收其他业务系统或相关工作人员提供的突发事件相关信息，并能够将突发事件的相关信息进行采集、汇总与整理；同时，也要为突发事件的分析与评价分级提供理论依据和平台支持。

（三）方案制定

应急响应系统应当能够为决策者制定应急响应方案提供支持和帮助，这其中包括对于突发事件信息、应急预案及相关处置方案、已发生同类事件信息及对于应急处置相关人员物资位置和调配情况等的展示；同时应急响应系统还应当能够与决策会商系统进行连接，从而达到通过会商制定应急响应方案，指导应急响应的目的。

（四）方案执行指挥

在应急响应方案制定后，应急响应组织单位可将方案分解为执行动作，并通过应急响应系统组织相关单位对方案及涉及本单位的相关执行动作实施；同时实时对方案和执行动作的实施情况进行跟踪，从而达到动态指挥的目的。

（五）档案管理与信息发布

在突发事件处置完成后，由相关人员对事件的相关信息和结果进行整理，并通过应急响应系统对突发事件的相关信息进行归档处理，以作为方案回顾的依据；同时，还应当根据需要对相关信息进行发布。

（六）方案回顾与知识更新

应急事件结束后对档案资料进行重审、评价，并提取有用信息，补充修改完善预案、规则、知识。

二　应急联动体系设计的原则

（一）依法原则

依法原则包含两个方面，依法设立和依法行政。从依法设立来说，突发公共事件应急联动体系，必须通过权力机关立法或有行政立法权的行政机关立法才能建立。通过立法，规定应急联动体系的机构设置、层级、权力与责任等，实行统一管理，保证指挥灵便，以便让政令在纵向渠道能畅通无阻以便逐级授权、依次分工、分级负责，充分发挥下级的能动性与创造性以便权责明晰，对于责任事故行政机构与人员依法追究责任，对于绩效突出的行政机构与人员依法给予物质与精神奖励。只有这样，才能确保该体系在非常时期的权威性，才能保证畅通、高效地处理突发公共事件。从依法行政来说，应急联动机制在突发公共事件时期必须做到主体、内容和程序都合法，针对应急联动机制中枢决策系统在非常时期必须拥有非常大的权限的要求，如果不赋予其行使权力和职责的合法性，就难以保证对突发事件有条不紊的应急处置。

（二）部门协调

从组织管理看，各应急部门的垂直突发公共事件应急管理体系不完善，各部门横向之间的职责分工关系并不十分明确，职责交叉和管理脱节现象并存，缺乏统一协调。例如，针对化学污染事故制定应急预案和措施，关于如何统一行动、统一调配、相互配合，事先各部门充分协调不够，甚至互不知晓。从应急体系建设看，特别是在基础地理信息、信息通信、救援队伍和救灾装备的建设方面，存在着部门分割、低水平重复建设等情况，影响了国家投入的有效性。例如，有关应急部门都有各自的应急信息系统，有的相当先进和完善，但相互之间没有形成制度化的信息通报和信息资源共享机制。从应急响应过程看，一方面灾种主管部门时常感到应急救援力量和资源紧缺；另一方面感到协调困难，其他部门现有应急力量和资源得不到充分利用，资源闲置。启用应急指挥部虽可弥补这一缺陷，但其他应急管理阶段的协调问题并未得到真正解决。因此，加快建立健全应急机制，实现资源共享、协同行动，已成为应急管理亟待解决的问题。

（三）职责分明

在各种突发事件的分类分级标准口径、各级政府之间应急职责的划分、应急响应过程中条块的衔接配合等方面，还缺乏统一明确的办公室，尚未完全形成职责明确、规范有序的分级响应机制。在实践中，应对突发事件原则上是小灾靠自救、中灾靠地方、大灾靠国家，但由于条块应急职责划分并不清晰，经常出现条块衔接配合不够、管理脱节、协调困难等问题。对各联动单位权责的区分与上下层次权责的划分要保持灵活性。

（四）信息共享

要保证信息资源在不同层次、不同部门信息系统间的交流与共用，以便更加合理地配置资源，节约社会成本。现代管理技术为应急管理提供了科学的方法和模型。因此，应急联动体系只有充分利用现代信息技术和管理技术才能在第一时间获得真实的信息以便做出正确的决策，并运用科学的方法进行应急管理。

三　南水北调中线工程动态协同应急管理机制的总体框架

在南水北调中线工程动态协同应急管理机制的框架设计中，本研究采用的维度分别是时间维和功能维。两个维度之间互为条件、相辅相成。时间维是导向，为功能维提供应急管理各阶段的任务；功能维是根本，为时间维提供基础性的保障。总体框架如图 6－1 所示。

时间维是导向性质的，识别应急管理各阶段的任务，由应急管理的主要环节构成。日常预防和应急准备主要是通过事前有效的预防和准备活动，降低潜在突发事件发生的可能性，并利用先进的技术手段，使人们及早发现已经发生的突发事件。应急响应主要是在突发事件发生后采取一定的应急处理措施，通过科学决策和指挥调度可用资源，减少事件造成的损失。应急恢复是在应急响应阶段结束以后进行的现场清理、灾后重建、评估学习等活动。时间维描述了应急管理各阶段的任务、活动、资源及信息流，这些描述对功能维中组织指挥、应急预案、资源保障和决策辅助四个子系统建设起到了指导性的作用。

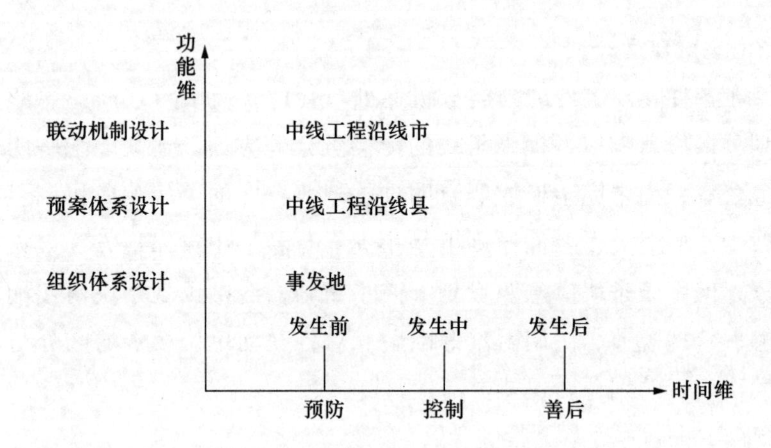

图 6－1　南水北调中线工程动态协同应急管理机制总体框架图

功能维是基础，包含的是应急管理过程中涉及的基础性要素，为整个应急管理系统提供基础性的保障。项目针对南水北调中线工程动态协同应急管理的各个环节任务，分别采用不同的技术，实现相互联系的应急组织调度、应急预案、应急人财物和决策支持，形成完整的有机体。功能维描述了支撑应急业务过程的基础要素子系统，包括组织指挥、信息收集与处理、资源保障和决策辅助系统的属性，且受到来自知识维的知识能力大小的约束。功能维框架如图 6－2 所示。

从复杂的社会系统来讲，突发事件发生后将会对相关的社会系统各个部分造成严重的影响和巨大的破坏。为使这些影响和破坏降到最低的程度，突发事件应急管理的每个主体都应相应地采取一系列行动，主要包括预警预测、应对准备、快速反应、过程干预和救援评估等，同时这些应急主体互相协同，联结成一种针对某一突发事件的专业化、信息化和智能化的处置网络。通过突发事件处置网络的纽带作用，各主体相互协作使其内部的有形和无形资源得到充分的共享，从而提高调度的科学性、处置的有效性和资源的最大效用，增加突发事件处置的幅度和深度。

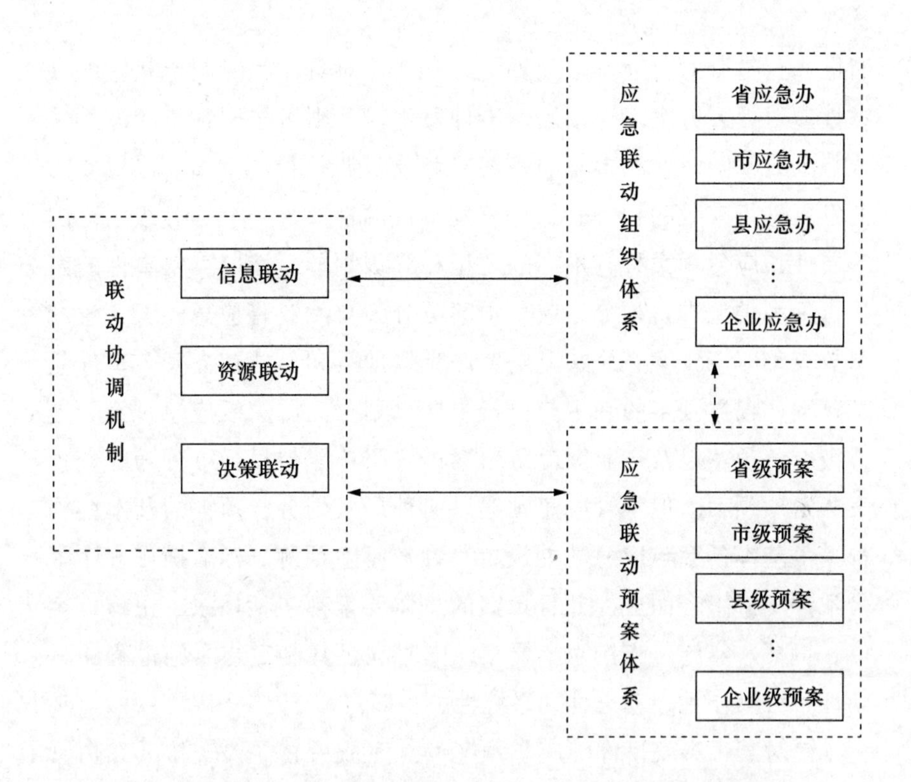

图6－2　南水北调中线工程动态协同应急管理机制功能维框架

（一）应急预案体系

应急预案是指在对信息进行采集、处理和分析的基础上针对爆发可能性大或者爆发的潜在因素强度达到一定等级的重大突发事件或灾害而预先制定的相关计划和方案，从而使应急与救援行动迅速、有序、科学地展开，以降低事件的损失和控制事态的发展。并且在对突发事件发生的可能性、危险程度、事件类型以及发生发展过程、后果与影响程度的有效辨别与评估的基础上，应急预案能够对突发事件处置机构职责、人员、技术、装备、物资、设施、救援行动以及管理与决策进行预先的安排和规划。

预案的实施与管理一般采用动态的过程管理方式，它通过突发事件的发生机理对来自不同领域的信息进行分析和判断，预测突发事件的发生条件与时机以及发展趋势，在识别可能产生的威胁的同时恰当且符合时机地发布预警信息，并针对具体状况制定相应的预备性应对处置方案。当预测的事件发生时，则可按照预定的方案采取行动，并随时监测事态的发展趋势及时调整行动方案，以对事态的发展进行有效的控制。根据突发事件的性质、类型、等级、范围等属性，应急预案具有不同的类型和等级划分。按照突发事件的发生机理和类型进行划分，应急预案可分为自然灾害应急预案、生产事故灾难应急预案、公共卫生事件应急预案和公共社会安全事件应急预案；根据预案的制定与执行主体可划分为国家级应急预案、地方级应急预案以及企业级应急预案；按照功能与目标可分为综合预案和专项预案。但不管应急预案以何种形式划分，预案的基本结构都是由基本预案与应急功能设置、特殊风险预测、标准操作程序附带条件支持组合而成，并且预案的总体要素都包括情景、主体、客体、目标、实施、方法六个要素，同时满足其制定与实施过程的科学性、可操作性、动态性和系统性。

针对某一突发事件的应急预案编制完成后，需要安排其在仿真环境中进行检验，即根据预警信息及时启动相应的预案，在处置过程中按照演练环境状况选择预案中制定的行动方案，确定应急行动战术，针对具体情况制定具体的救援程序和措施并根据事态发展逐步实施。这样可以培养应急处置人员对预案的执行能力，熟练各种处置技能，保障通畅的信息交流，提高各组织协同性，检查资源的配置和布局的合理性，还可以验证预案制定的效果和发现相关的问题。通过对预案演练中出现的问题进行评估和总结，发现预案执行过程中的经验和不足，从而制定相应的调整和改善措施，使预案更加完善和具有可实施性。

（二）应急规划体系

应急规划是一项关于突发事件处置过程的统筹工作，通过在充分理解应急管理工作和相关突发事件发生机理的基础上，对全部应急管理组织以及组织中的各单位、角色、部门、岗位进行精确和高效的合理安排，将突发事件处置过程中的各项资源最大限度地进行优化配置和利用。应急规划既需要制定具有全局性、前瞻性的战略规划部分，又要为应急过程行动、处置决策、资源配置制定详细入微的战术规划。因此应急规划具有三大特征：一是全局性。通过对突发事件应急管理体系中各要素的有机整合，调整它们的协作关系，使其在突发事件处置过程中发挥最佳的效能，表现出总体处置任务的整体性和系统性。消除处置过程中各部门、组织、团体在执行任务时产生的冲突和矛盾，建立一种整体任务的统筹逻辑。二是高瞻性。应急规划在建立全局视野和统筹规划、统一安排的基础上要考虑突发事件发生环境中各种约束条件和制约因素，使突发事件的处置过程在某种确定的环境中更加具有科学性和可实施性。三是远瞩性。突发事件是动态变化的，这导致突发事件处置过程必然也具有动态特征，这种动态性表现在突发事件应急系统需要与动态变化的真实环境相匹配，能够发挥其最大效能，同时还要保持与事件和环境发展趋势的同步性，使系统对突发事件和发生环境的变化保持一致的节奏。应急规划的分类方式与应急预案的分类方式相似，根据不同的层次、职能和时段可分为不同内容的规划形式。从层次上划分，应急规划可分为总体规划、专项规划、分区规划和分区专项规划。从时间上划分，应急规划可分为长期规划、中期规划、短期规划。从资源对象的使用上划分，应急规划可分为资源配置规划、平台建设规划和网络构造规划等。通过应急规划的建立能够对突发事件应急管理工作的开展进行指导，从而能够优化应急资源的配置，保证各部门在突发事件处置时的协调运作默契配合，为有效避免处置过程中的盲目性和主观臆断性，减少情况变化带来的冲击，改善与提升应急管理工作提供参考。

（三）应急处置过程中的部门联动

在突发事件应急管理处置过程中，突发事件在不断演化，只有采用动态的多部门联动才能适应突发事件的发展。这些联动部门根据事态的不同发展阶段适时地加入或退出突发事件处置过程，动态地接受处置过程中的任务、选择执行策略、确定行动方案并按照处置过程的要求相互交流、协调工作，为处置过程的顺利实施提供支持。目前，根据我国不同条件下各地区可能发生突发事件的特点、预案体系健全状况、城市规模、管理权分配、应急联动技术，特别是管理体制，应急联动方式可分为协同模式、集权模式、授权模式三种类型。

协同模式。突发事件应急处置的协同模式是由多个应急处置主体组合而成，在突发事件发生时各相关主体为完成突发事件处置任务而建立起的一种合作处置模式。这些主体包括不同功能、不同层次的管理和执行部门，它们之间建立起密切的联系，根据预案的要求或临时协商的工作流程分工协作，联合管理统一行动。一般地，这种协作模式同时具有三层纵向结构，即政府管理中心、多个相关部门管理中心和基层协同组织及设备。高层负责处置过程中的协调、决策和监督，中层负责快速反应和任务处置，下层负责信息采集、处置效果反馈和具体任务实施。三者是通过信息化和网络化的协同管理平台联系在一起，实现了突发事件管理与处置的物理分离和逻辑统一，形成了能够获得各类信息条件下的多领域、多部门、多区域、多层次的组织动态协作。

集权模式。应急处置的集权模式是对政府和社会各相关机构的所有应急资源进行整合，形成一个统一的、专业化的应急管理中心，其下面不再设立部门管理中心，当突发事件发生时中心可以调动政府和社会的任何部门，所有的应急任务执行都向该中心负责，该中心全权行使政府的所有应急联动管理的权力。该模式能够提高突发事件先期的处置效率和各部门的协作效率，具有统一管理、统一协调、统一处置的优势，但同时也带来了投资大、建设难度大、行政体制冲突、与其他部门耦合度高等一系列问题。

授权模式。应急处置的授权模式是指政府将事件的整体处置权力授予那些具有较好的协调基础、丰富的事件处置经验和拥有优越条件的部门，以该部门为主实施应急管理，同与突发事件有关的各相关部门相协调，解决突发事件应急处置过程中产生的问题。

（四）应急管理信息协同

突发事件中的信息对于应急处置过程的事态研判、决策、管理、执行具有重要的意义。由于突发事件的复杂性和动态性使得数据随着事态发展不断地发生变化，来自不同部门、领域和区域的信息具有不同的种类和属性，只有对这些信息进行有效的整合才能充分地发挥其应有的作用，实现不同处置部门的信息交流、共享与协同，从而直接支持突发事件处置过程中的各种任务和活动。

突发事件应急管理的信息协同一般包括数据信息的整合和跨部门信息协同。数据信息整合涵盖了社会系统中各种与突发事件有关的各个领域系统数据，通过对不同部门各类信息的采集、处理和融合，实现了信息的网络化、透明化和清晰化。目前物联网技术的发展使得数据信息整合的规模不断扩大，物联网中的各种传感器、RFID、无线通信等技术为突发事件处置提供了各种实时、精细、海量的数据支持，为突发事件处置过程的进一步研判、分析、调度、决策等实施措施提供了可操作的基础。在应急系统和应急机制的建立过程中，信息分布在不同的部门中，用于管理和提供服务的软件系统、硬件设备和数据信息系统都被设立在相关部门内部，形成了一种部门化格局，从而不同形式的数据阻碍了跨部门信息的共享与交流。因此跨部门信息协同是为协同处置过程中不同部门的多源异构数据提供一种可相互理解、支持、交换、共享的信息协同平台，此平台具有能够为突发事件处置过程提供网络通信、空间信息、事件领域知识、决策支持和调度管理等综合性功能。随着信息技术的发展，云计算技术已经融入突发事件应急管理跨部门信息协同当中，这使得各部门的信息协同能够通过云计算技术对信息资源进行封装，在屏蔽了数据差异性的基础上，获得更多的资源和服务，同时降低了平台整合的难度和复杂性，使突发事件处置过程能够获得更多的信息服务方式和方法，能够为应急的决策、管理、调度提供更多的可选方案和参考信息。

（五）资源保障与处置实施协同

应急资源保障是突发事件应急处置过程中最为关键的一个环节，资源保障工作的合理与否直接影响到应对突发事件的时效性，科学的资源保障能够确保应急资源有效地服务于突发事件应急处置活动，保证处置活动的顺利开展。同时，通过科学的调度和部署尽可能地提高资源的利用效率和全局效用，避免无谓的浪费和失调。应急资源保障包括突发事件发生前的资源布局与配置和突发事件发生过程中的资源调度与补充。另外，应急资源的保障还需建立人力资源和应急团队协同等预备性保障，使经过选拔和聘用的各层次各专业的人才通过一系列的培训方式扩展突发事件应急管理知识，积累应急处置经验，为应对突发事件的发生做人员上的准备。

处置实施过程是对应急管理中心的决策和管理调度指令进行具体行为的实施和执行活动，它与应急资源保障有密不可分的关系。具体处置实施行为根据不同的类型和等级，关系到不同的机构、人员和资源保障方式。突发事件处置实施过程是在管理系统的协调下和信息系统、决策系统以及资源配置系统辅助支持中，负责不同处置任务的人员和机构按照既定的应急预案和具体的实施战术，相互配合、协作，同步且流畅地执行各阶段的任务，完成对突发事件进行处置的总体目标。

四 面向功能的南水北调中线工程动态协同应急管理系统构建

以上分析从不同的侧面和视角展现了动态协同应急管理系统的组成情况及其各要素之间的相互关系。为了便于研究和系统的建设，项目以功能维为主线，构建了面向功能的应急管理系统，即系统分为组织指挥系统、信息收集与处理系统、资源保障系统和决策辅助系统，而时间维各要素贯穿于整个系统的分析和建设（如表6-1所示）。

表 6－1 面向功能的南水北调中线工程动态协同应急管理系统的构建

目标层	一级指标层	二级指标层
面向功能的南水北调中线工程动态协同应急管理系统	组织指挥系统	目标任务
		运行方式
		组织结构
	信息收集与处理系统	应急预案编制
		应急预案培训
		应急预案演练
		应急预案应用
		应急预案评价
	资源保障系统	应急人力资源
		应急物资资源
		应急信息资源
		应急资金资源
	决策辅助系统	预测决策系统
		虚拟仿真系统

（一）系统架构

应急响应系统采用松耦合、易扩展的设计思路，使平台本身具有很强的可扩展性，从而适应于项目的建设。系统以 B/S 方式运行，基于 Web J2EE 技术架构进行开发，其本身有着良好的开放性设计，以基于面向服务架构（Service Oriented Architecture，SOA）的体系架构建设系统平台，从而充分利用服务松耦合的软件模式及各种主流的开放标准。

（二）业务流程

发生突发事件后，首先进行突发事件的相关报警信息收集工作，报警信息来源包括人工录入、短信及邮件等；随后进行突发事件的相关信息采集工作，需要采集的信息包括外部信息（来源于本系统外的其他系统、单位或个人）及内部信息（来源于本系统内部），并对突发事件进行综合研判；在突发事件发生后及处置过程中，根据实际情况随时对突发事件进行评价和分级；根据突发事件的具体情况制定应急方案，在制定过程中，综合考虑预案、应急资源等方面，并可调用决策会商系统进行会商；应急方案制定后，将其分解为相应的执行动作，下发给各执行单位，各执行单位执行后及时将相关情况进行反馈，以便开展后续工作；突发事件处置完成后，对处置结果进行整理汇总，并将本次突发事件进行归档；处置过程中可以调用相关知识库进行决策支持，同时也可以将本次突发事件的相关信息录入知识库。应急响应系统业务流程如图6－3所示。

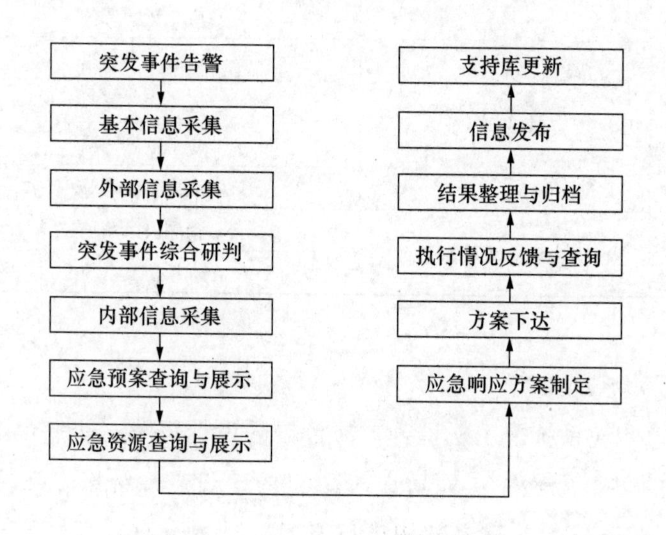

图6－3　应急响应系统业务流程

（三）数据交换

除应急响应系统外，南水北调中线工程自动化调度与运行管理决策支持系统还包含水量业务处理、工程安全监测自动化、水质监测、工程防洪信息管理等业务应用系统。而决策支持系统和应急响应系统作为系统的顶层，需要将其他业务应用系统的相关数据进行收集与汇总，因此就需要与其他业务应用系统进行交互，从而实现数据的共享与传递。

数据交互主要采用两种方式：①应用支撑平台。应用支撑平台是以应用服务器、中间件技术为核心的基础软件技术支撑平台，其作用是实现资源的有效共享和应用系统的互联互通，为应用系统的功能实现提供技术支持、多种服务及运行环境，是实现应用系统之间、应用系统与其他平台之间进行信息交换、传输、共享的核心。其余业务应用系统定期将本系统数据推送至应用支撑平台相关数据库，由决策支持系统和应急响应系统进行取用。②Web Service 服务。其他业务应用系统将本系统产生的数据或产品封装为 Web Service 服务的形式，向决策支持系统或应急响应系统进行推送。

南水北调中线工程动态协同应急管理系统四个子系统环环相扣、互相支持、全面联动，遵从系统性和统一性的原则，使突发事件产生的消极影响和灾害降至最低。由于各子系统分别承担不同的功能，这就要求各子系统在组成和结构上要适合功能的要求，并遵循一定的原则和规范，而且还需要在与其他系统协同和共享的基础上对整个系统起到有效的支持。

（1）组织指挥系统

组织指挥系统是南水北调中线工程动态协同应急管理系统的核心。它负责整合整个系统，对其他系统行使组织和指挥调度的职能。组织指挥系统与其他系统的功能之间具有非常强的逻辑关系，前者作为核心对各种状态下的事件有认知、集成、决策、指挥的能力，后者对前者构成了最直接有效的行动支持，从规章制度、各类资源、决策建议等不同侧面对前者提供强有力的支撑，辅助前者顺利实现系统的功能。组织指挥系统主要承担日常预警预防和应急救援的领导决策、组织指挥、功能设定、管理协调、队伍建设等方面的工作。

南水北调中线工程动态协同应急管理组织指挥系统设计可以分为三层：第一层为目标任务设计；第二层为运行方式设计；第三层为组织结构设计。其中，第一层是最重要的和最先行的，第三层是最基础的，第二层是基于第一层的结构设计之上的（如图 6－4 所示）。

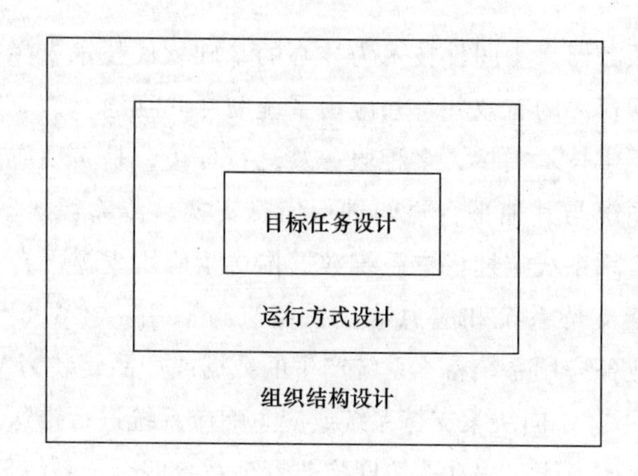

图 6－4　应急组织指挥系统的三层设计

第一层设计是对南水北调中线工程动态协同应急管理指挥系统存在目标和主要功能的设计。一般而言，组织的最终目标是通过发展，实现组织成员的集体效用最大化和组织社会效用最大化的完美平衡。因此，建设应急指挥系统应有明确的任务目标，并且这种任务目标也是南水北调中线工程动态协同应急管理目标的有效保障。

第二层设计是对南水北调中线工程动态协同应急管理指挥系统运行流程和组织方式的设计。这一设计体现在组织职能的各个方面和系统内部的相互配合。作为一个适应性的系统，应急组织指挥系统应时刻注意企业潜在或正在发生事件的变化，并以适当的行动加以反应，这是一个反复进行的循环。系统的运行流程实际上就是根据不同突发事件的性质和外界环境的变化，从中感知真实信息，并根据组织自身的目标和能力做出一定的判断和决策，最终把这种决策付诸实施，从而完成了一个循环。在这个循环中我们可以看到，应急组织指挥系统的运行是由突发事件的变化所驱动的，一方面，要预防突发事件的发生；另一方面，一旦发现突发事件要立即快速响应。

第三层设计是对南水北调中线工程动态协同应急管理指挥系统的组织部门和结构的搭建，是组织设计最为直观的部分。应急组织指挥系统的构成要素包括实现劳动分工的职务范围，明确决策权力分配的职权和职责，确定组织层级数量和部门规模的管理跨度，依据决策权力的分配和分工情况建立信息沟通系统，体现工作分工、部门建立、激励方式和权力分配的持久性和稳定性的规章制度等。根据组织结构的复杂性程度、权力集中程度和企业规章制度的正规化程度，组织结构可分为机械式和有机式组织结构。前者是指复杂性程度较低、权力集中和正规化程度较高的组织结构，后者是指复杂性较高、权力集中（这点与机械式没有区别）和正规化程度较低的组织结构。

南水北调中线工程动态协同应急组织指挥系统构建的主线就是沿着以上三层设计的思路展开的，其宗旨在于使得组织指挥的目的更加明确、组织指挥的流程更加清晰和高效、组织指挥的结构更具柔性和弹性，便于迅速对突发事件做出反应。

（2）信息收集与处理系统

信息收集与处理系统是针对可能的重大事件或灾害，为保证迅速、有序、有效开展应急救援行动，降低事故损失而预先制定的有关计划或者方案。南水北调中线工程动态协同应急管理信息收集与处理系统是通过对自身信息的分析，预测未来的发展趋势，识别可能带来的风险，并且对这些风险制定相应的预备性处置方案，一旦预测的情况得以发生，就按照预定的方案行动，以控制事态的发展，将可能发生的损失降低至最低水平。信息收集与处理系统的关键是凭借人的预见和分析能力，预测事件的发展，模拟事件的各种可能变化，制定消除其不利影响的方案。信息收集与处理系统对组织指挥系统起到了“软”保障的作用。信息收集与处理系统作为针对可能发生的重大事故所需的应急准备和应急行动而制定的指导性文件，对预测预警、职责分配、处置基本方案、应急资源、灾后恢复等进行了细化和规定，是组织指挥系统行使功能的重要制度保障。尤其是针对每一个应急机构进行某一项或某几项具体应急活动而规定的操作标准，为组织指挥系统的顺畅运行提供了正确指导。

①应急预案的编制

完整、有效的信息收集与处理系统，从搜集资料到预案的编制、实施、完善，需要经历一个多步骤的工作过程，整个过程包括成立编制小组、危险辨识分析、预案分工编制、系统集成统一、内外综合评审、批准发布实施六大步骤（如图6－5所示）。

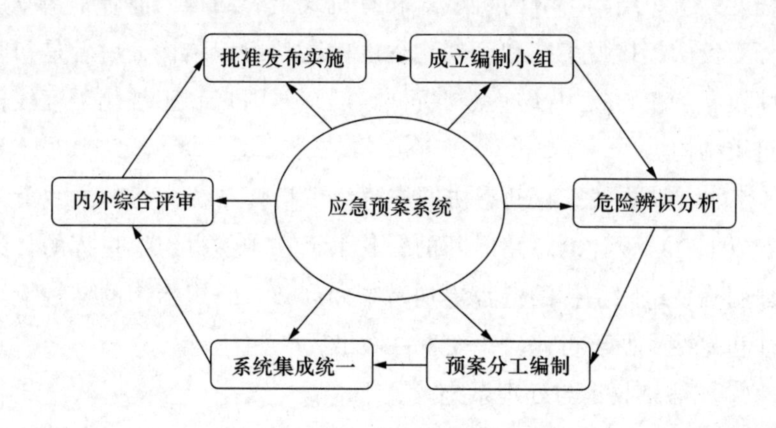

图6－5　应急预案的编制过程

第一步：成立编制小组。信息收集与处理的第一个步骤就是针对南水北调中线工程可能发生的突发事件类别，成立应急预案编制工作组，明确编制任务、职责分工和工作计划。成立应急预案编制小组是将各有关职能部门、各类专业技术人员最有效结合起来的方式，需要安全、管理、生产、保卫、工程、技术服务、医疗、人事等方面专业人才参与。此外，还需要来自地方政府和相关政府部门的代表（如安全、消防、公安、医疗等），这样可消除应急预案与政府应急预案中的不一致性，同时也可有利于应急救援行动的协调配合。

第二步：危险辨识分析。这一步骤需要收集制定应急预案的必要信息并进行初始评估，相关资料主要包括：适用的法律、法规和标准；企业安全记录、事故情况；国内外同类企业事故资料及应急预案等。需要对潜在的各种危险、有害因素和事故类型进行系统的分析、归纳和全面的识别，采用科学的方法确认存在的危险性，评估突发事件发生的可能性以及可能导致的破坏或损害程度，根据其风险大小，采取相应的安全措施，以保证系统安全。

第三步：预案分工编制。在危险辨识分析的基础上，根据积木式应急预案系统的构想提出预案整体框架设计和各级文件目录清单。文件框架中应包括应急预案要素的所有内容，即现有的文件、将要起草的文件以及它们之间的联系等。然后根据各自职责，小组成员按框架设计和文件编制任务进行具体的预案编制，并经常监督检查进度和完成情况。

第四步：系统集成统一。这一步骤的主要任务有两项：一是把各成员编写整理出的各类文件集成为一个统一有机的应急预案系统；二是检查评估各级文件与同级程序是否存在相互交叉、重复和遗漏、失误等情况。

第五步：内外综合评审。为了确保应急预案的科学性、合理性以及与实际情况的符合性，应该根据国家有关应急的方针政策、法律法规、规章标准和其他预案编制指南性文件，组织开展企业内外的预案评审工作，以便获得政府机构和应急机构的认可。评审侧重于对框架文件的技术内容科学性、应急救援活动的可行性、行政管理需要的协调性以及应急救援组织的适应性等进行严格的审核评估。涉及专业技术内容应聘请有关专家来评价和审定。

第六步：批准发布实施。最后应明确具有批准发布权的部门及人员，发布的范围、时间、人员，发布的时效性等，应急预案经政府评审通过后，由最高行政负责人签署发布，并报送上级政府有关部门和应急机构备案。

②应急预案的培训

南水北调中线工程动态协同应急预案的培训是应急预案系统顺利运行的重要保障。为了保证应急预案切实发挥作用，使救援人员在紧急情况下知道如何应对，在平时就应该进行相关知识的培训。

应急预案培训应该做到：一是针对性，要针对不同工作环境下的突发事件对员工进行培训，使他们懂得在事故发生后如何自救和救人；二是全面性，要对所有涉及应急救援的人员进行培训；三是定期性，要制订应急救援培训计划，明确规定培训的时间；四是真实性，要尽量贴近实际的应急行动，使受训者能接触应急设备、设施，学习应急技术；五是科学性，要讲究合理有效的培训方法。根据接受培训人员的不同，应该选择不同的培训重点，确定具体的培训内容，制订相应的计划。

③应急预案的演练

近年来，我国连续出台了《国家突发公共事件总体应急预案》《国家生产事故应急预案》等多部应急法律法规，《突发事件应对法》于2007年正式颁布并实施。这些法律法规都规定企业要在编制应急预案基础上进行演练，通过演练提高对于事故灾难的处置能力，凸显了应急演练的重要性。

南水北调中线工程应急预案演练可以达到以下六个目的：一是熟悉灾害特征。应急人员应该通过应急演练熟悉掌握事故的灾害特征，这样才能在事故真正发生时，做出准确的判断，并进行应急处理。二是熟悉职责任务。参加演练的人员通过演练明确各自的岗位和职责，分清相关组织和人员的职责，并通过明确的职责划分，解决组织和个人之间的协调问题。三是检验指挥系统。指挥系统在突发事件后确定采取的措施和方案，通过正确的指挥，可以使大众的信心增加，救护人员的熟练性增强。四是检验救援活动。可以通过演练检查救护队对应急预案的熟悉程度及队员间的默契程度，检测应急设备的可靠性，改善各种反应人员、部门和机构的协调水平。五是检验应急能力。通过演练可以检验指挥系统的应急能力，救护队员的救援能力和群众的响应能力。六是检查预案不足。通过应急演练可以发现预案中存在的问题，为修正预案提供实际的资料。

④应急预案的应用

南水北调中线工程发生突发事件后，应急预案即刻启动，应急人员根据各自职责进行应急救援行动。应急预案除了为快速有效的应急响应提供指导外，同时也为应急决策提供基础平台。根据预案利用程度的不同，基于预案的应急决策可以分为三种类型：预案执行式决策、预案替代式决策和预案改编式决策。

预案执行式决策就是决策者在突发事件发生时，及时启动应急预案，以原先制定的方案为依据和指导，对应急人员、设备、设施、救援行动及其指挥与协调等方面进行具体安排。从本质上讲，预案执行式决策更趋向于常规式决策，使得决策者的压力较小，决策反应速度较快，决策后果容易预见。这也是国家出台法律法规要求企业制定应急预案最主要的原因。

预案替代式决策就是突发事件发生时，有该事件的相应应急预案，但预案中某些具体资源或人员等要素因故无法使用，决策者仍要启动应急预案，但需对某些环节或者要素进行必要的替换。这种决策是较为常见的应急决策方式，其关键在于决策者能够洞察应急预案中的关键要素，并能在现场情景估计的基础上，结合现有应急能力，准确及时进行内容的替代。

预案改编式决策就是突发事件发生时，没有直接可用的应急预案，但是可以参考已有预案并进行必要的组合或者改编，从而形成新的应急处置方案。预案改编式决策主要是决策者借鉴已有预案中好的思路或要素内容，然后根据事件的动态发展过程进行调整或者改进，甚至可能是进行连续不断的调整才可使用。

这三种基于预案的应急决策方式并非截然不同、互不相关。在突发事件处置的不同阶段，三种方式是可以相互转换的。当突发事件态势转恶时，预案执行式决策需要过渡到预案替代式决策，甚至预案改编式决策；当突发事件态势缓和时，应急处置方式也有可能从预案改编式决策转向预案替代式决策。而预案替代式决策和预案改编式决策所形成的应急预案，通过必要的预案学习和调整，还可加入到原有预案中，进一步充实和扩展企业的预案库。

(3) 资源保障系统

资源保障系统为组织指挥系统提供“硬”保障。南水北调中线工程动态协同应急管理资源保障系统包括人力资源、物资资源、信息资源和应急资金。它们的有效保障促进了整个系统的正常运转，更是保证了组织指挥系统的指令和授权能够及时、准确传达并顺利实现。各类资源通过组织指挥系统的调度直接作用于突发事件，保证处置过程的高效运行，并将具体情况及时反馈给组织指挥系统和决策辅助系统，从而使得组织指挥系统在决策辅助系统协助下重新根据情况进行资源配置。

人力资源主要包括决策指挥人员、参谋咨询人员、技术专家和专业人员、后勤辅助人员等，是应急管理资源中的核心资源和最宝贵的资源。人力资源是应急管理决策的制定者与执行者，既是应急管理主体又是客体。人力资源主观能动性的发挥是决定物资、信息、资金等资源效用与效能的关键因素。救护队是资源保障系统中的一个重要组成部分，其战斗力的强弱直接关系到企业财产和员工生命安全。因此，必须充分重视应急管理中人力资源的核心地位，提高人力资源的素质。

物资资源是指基础设施、应急救援物资、技术装备等以物质实体形态存在的资源。物资资源是南水北调中线工程动态协同应急管理方案落到实处的物质基础，是信息资源的物质载体和应急管理的物资保障，物资资源的作用在于直接满足被救助人员和应急人员的物资与安全需求。南水北调中线工程应该按照有关规定和标准针对本企业可能发生的事故特点在本企业储备一定数量的应急物资。

信息资源是南水北调中线工程突发事件相关信息及其传播途径、媒介、载体的总称，在应急管理资源中发挥着主导作用。应急信息分为基础信息、预防信息和救援信息三个方面。基础信息包括基础设施信息、危险源信息、周边环境信息、水文信息等；预防信息包括生产工艺信息、事故隐患信息、应急预案信息等；救援信息包括突发事件信息、应急救援设备信息、应急救援人员信息、救援过程信息、外部协作信息等。信息资源的及时、客观、准确直接关系到应急管理的效率，是影响应急管理的重要因素。

应急资金包括用于南水北调中线工程应急管理的各种资金预算、保险、专向拨款等以货币或存款等形式存在的资源。如果说物资资源是资源保障系统的杠杆，那么应急资金就是这个杠杆的支点，没有它固然不行，对它定位的不合理同样也会影响系统功能的发挥。应急资金扩展了应急管理资源的范围和种类，是影响应急决策自由度的重要因素，是物资资源发挥效能的有益补充，同时也是人力资源和信息资源的重要保障。

充足的应急资金与物资资源储备是南水北调中线工程动态协同应急管理的前提条件。突发事件状态下，应急资金转换为物资资源会受到多种条件的约束。一是时间约束，即转换需要一定时间；二是价格约束，即突发状态下的价格将被扭曲，严重偏离价值规律；三是供给约束，即所急需的物资资源并不容易直接得到。因此必须重视物资资源的储备。但是，并非仅有物资资源就可以应对突发事件。相对于突发事件的属性，物资储备很难做到充足和万无一失，因此，必须重视应急资金与物资资源在结构和总量上的协调，做到保障有力。

（4）决策辅助系统

决策辅助系统为组织指挥系统提供决策支持。突发事件的发生、演变，以及造成危害引发的各种各样的问题有着其内在的原因和规律，存在着复杂的关系，要想在有限的时间内做到有效应对，就必须在信息系统的基础上建立相应的决策辅助系统。一直以来，经验分析在南水北调中线工程救援指挥决策中发挥了重要的作用，但这种处理突发事件的方法属于经验型，成功与否在很大程度上取决于决策者判断的准确性和抢险救灾所需应急资源的充足程度，以及救护队伍的行动是否正确。有时由于决策者不能沉着冷静分析问题，造成应急救援工作被动，以致贻误战机，使危害在短时间内大范围蔓延。有时决策者急于抢险救人，不管客观条件允许与否，做出一些脱离实际的错误决策，结果使伤亡人数进一步增多。有时在处理过程中，决策人员之间产生意见分歧，没有形成一个完整的统一指挥中心，指挥混乱，造成事态扩大。有时决策者经验不足或缺乏预想的方案，应变能力差，造成指挥失误。因此，保证决策者及有关人员在突发事件发生后不能沉着、冷静、迅速而有条不紊地各司其职、协调配合、准确无误地进行抢险救灾工作，是一个亟待解决的问题，这也是经验型应急处置方法较难解决的问题。因此，设计和开发功能齐全的南水北调中线工程动态协同应急管理决策辅助系统，综合不同经验的专家共同参与，运用人工智能分析各类突发事件，能够改善应急预测与决策的及时性和准确性。

在信息的获取方式上采用虚拟现实和传统获取方式相结合的方法，具有以下优点：①以三维图形的方式将原来用图表形式表示的数据和不能用数据表示的场景展示出来，从而使大量抽象、枯燥的数据变得生动、直观和易于理解，提高应急效率和管理工作的科学性和准确性。②可以通过鼠标等操作设备进行场景的漫游、控制，显示场景中各种信息，使操作员有一种在真实现场的感觉，提高系统的可操作性。虚拟现实技术可以虚拟再现突发事件发生后无法获取的信息和通过正常途径无法直接观察到的状态。③利用虚拟现实技术可以比较不同应急方案的效果，指导应急处置工作，避免处理不当给企业和社会造成更大的伤害和损失。同时，可以对应急人员进行突发事件虚拟培训，增强现场处理的实际经验，减少人为的事故。

南水北调中线工程动态协同应急管理决策辅助系统首先分析突发事件类型，然后按照不同的层次结构进行子系统的划分，确定每一个子系统的边界和功能，从而完成决策辅助系统的设计和开发。系统以数据库为基础，将专家的经验转化为知识，以案例推理、规则推理和模型分析集成的知识推理策略为手段，设计南水北调中线工程动态协同应急管理决策辅助系统，为突发事件的分析提供决策支持。该系统的成功应用应实现以下目标：①对突发事件能够进行预测预警。②在应急处理方案的选择中，提供快速分析判断和智能决策支持。③在信息的表达上，采用虚拟现实手段，提供新的信息获取途径，增强信息的可理解性，虚拟现实贯穿事件分析的全过程，使分析过程清晰、透明。④能够对应急人员提供虚拟应急培训，使其增强现场快速处理能力。⑤总结专家的知识和经验，使分析过程具有一定的启发性，系统便于扩展，在实际应用中，对知识库和模型库进行不断扩充和完善，适应新的情况，便于对系统的维护及更新。⑥通过虚拟现实技术、专家系统和 DSS 技术集成，实现功能的集成；知识的获取和模型的建立过程中采用人工智能、数据挖掘方法，使系统具有一定的智能水平，自适应、自组织能力，能够进行不确定性和非结构化事故的分析；在人机设计中，实现人机合理分工，人机智能结合，能够提示用户并回答用户的提问。

南水北调中线工程动态协同应急管理系统并不是一个封闭的系统，而是与周围环境及所在城市紧密相连的开放系统。当事故级别比较低时，南水北调中线工程动态协同应急管理系统可以独立运行，只是启动内部相关预案，这时应急指挥主要由领导负责，以指挥为主。如果事故级别升级，外部预案开始启动，南水北调中线工程动态协同应急管理系统与外界的物资、信息交换速度加快，指挥权也应随之向上移交。因为随着应急状态的升级，需要调配外部的应急资源，如应急人员、应急设备等，这时指挥权必须上移，以确保有效地组织、指挥和协调。

五　应急机制运行业务流程

发生突发事件后，首先进行突发事件的相关报警信息收集工作；随后进行突发事件的相关信息采集工作。在突发事件发生后及处置过程中，根据实际情况随时对突发事件进行评价和分级；根据突发事件的具体情况制定应急方案；应急方案制定后，将其分解为相应的执行动作，下发给各执行单位，各执行单位执行后及时将相关情况进行反馈，以便开展后续工作。突发事件处置完成后，对处置结果进行整理汇总，并将本次突发事件进行归档；处置过程中可以调用相关知识库进行决策支持，同时也可以将本次突发事件的相关信息录入知识库。应急决策系统业务流程如图 6－6 所示。

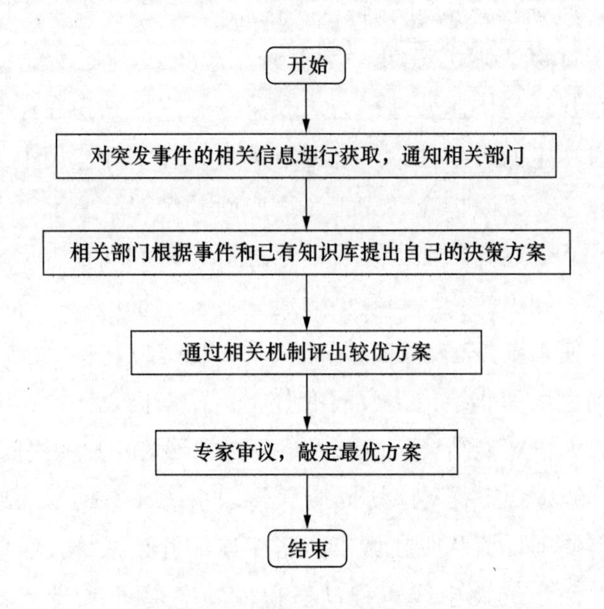

图 6－6　应急决策系统业务流程

在该流程中，针对突发事件的产生，使用以往积累的知识库和相关的标准库，完成预案的生成，再使用相关的方案评测算法，选取较优方案，最后通过专家的审议，完成决策方案的生成。下面将对该流程进行详细的说明。

在决策审议与生成中，需要有一个组织或个人（将其统称为主持人）对该流程进行控制，保证在最短的时间内完成决策。该主持人一般由最高层部门任命或指派。

在该流程中，第一个步骤是对紧急事件的相关信息的获取，通知相关部门，在第一个功能信息通报的突发事件通报子功能中实现。在这个流程中，主持人确定各阶段的起始与终止。通过流程图可以看出，在决策审议与生成的过程中，主要完成三类任务：第一是预案的生成，该子功能需要已有的知识库的支持；第二是对所有决策方案的评分，选出较优方案，在该子功能中，需要决策评估算法的支持；第三是支持专家对较优方案的审议，完成最优方案的选定，并根据实际的情况，对方案中不妥的地方进行修改。值得一提的是，为了满足处于不同地点的专家或组织能够在同一时间对同一个问题进行讨论，需要采用视频会议的方式进行交互。

（一）方案集生成

首先，将已发生的突发事件信息录入系统后，设计选择上下游突发事件的各相关部门。分散于流域上下游的职能部门、专家通过视频会议及智能白板实现异地同时的群体决策。

事件水区上下游各职能部门提出自己的方案，根据设计的算法进行方案的评分，生成较优方案集。

（二）方案冲突消解

首先根据设计部门在事件处理中的重要性，确定参与突发事件处置的部门方案的权重。权重的选取，可以根据德尔菲法（专家打分法）综合确定。

（三）最优方案生成

在最优方案选定子功能中，需要展示较优方案集。随后，各部门专家协商、主持人仲裁整个决策过程，完成最优方案的选定。主持人作为基于群体决策系统中的一个主要角色，主要负责对事件水区上下游相关部门的协调工作，一般为中央直接任命或指派。

方案的讨论过程中可以随时进行方案的删改，并将方案提交给群体进行商讨和决策。

第四节　南水北调中线工程动态协同应急管理机制的运行机制

一　基于多 Agent 的组织协同机制

Agent 协作结构种类很多，最常用的是对等网络、联盟和黑板结构三种模型。对等网络结构是指多 Agent 系统中的各成员具有相同的角色和地位，不设协调者，相互之间通过对等的通信和交互实现信息共享。成员内部只有局部信息，通信和状态都是固定的。黑板结构是指系统中存在多个知识源，Agent 通过黑板内容的增减和修改来公布信息共享和 Agent 协作情况。项目采用联盟结构确定南水北调中线工程应急管理组织协同，提出如图 6－7 所示的多 Agent 南水北调中线工程应急管理组织协同结构模型。

（一）基于多 Agent 的组织协同结构

在南水北调中线工程应急管理中，项目基于多 Agent 技术设计应急组织协同方案。对应于前节所设计的三层动态协同应急组织指挥系统，按业务功能设计第一层为 2 个目标任务 Agent，第二层为运行方式选择 Agent，第三层为各个组织结构 Agent。其中，第一层是最重要的和最先行的，第三层是最基础的，第二层是基于第一层的结构设计之上的。

处于第一层的目标任务 Agent 等对其下属的控制具有强制性，各层 Agent 都是彼此独立的，它们按照系统要求，接受并执行各自的任务。多 Agent 南水北调中线工程应急管理组织协同三层协作结构本质上是一种动态自组织结构，这也是多 Agent 系统特点的集中体现。该结构明确了南水北调中线工程应急管理组织协同中目标任务 Agent 和部门 Agent 相互间的控制关系，使复杂的系统在结构上更为简化，各层在控制上更具灵活性和可靠性，更为重要的是此结构使南水北调中线工程应急管理组织协同能实现全局最优，在南水北调中线工程应急管理组织协同应急指挥领域具有一定的通用性。

图 6－7 为项目设计的南水北调中线工程应急管理组织协同结构模型。第一层设计是对南水北调中线工程动态协同应急管理系统存在目标和主要功能的设计。目标任务 Agent1 优化的是集体效用，目标任务 Agent2 优化的是组织社会。为了达到组织成员效用最大化的完美平衡，两个目标任务 Agent 相互配合、优化任务目标，保障实现南水北调中线工程动态协同应急管理目标。

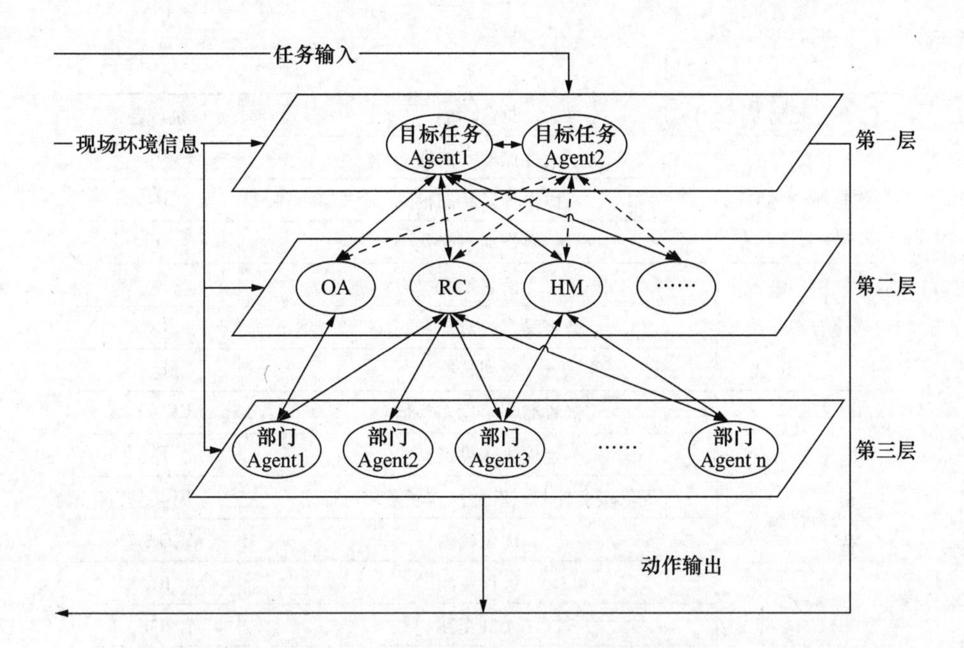

图6-7　多Agent南水北调中线工程应急管理组织协同结构模型

第二层设计依靠突发事件的变化所驱动，体现在组织职能的各个方面和系统内部的相互配合。对应于表6-2中的动态协作类F，实现接收综合协作态势信息、生成协作决策算法、提供缓存控制发送协作场景信息需求、优化调度、远程控制和人机交互功能。

表6-2　南水北调中线工程动态协同应急管理任务分解表

角色类别	角色功能	执行者
成员交互类A	接收、发送交互信息，传递信息	A_1，A_2，…，A_n
	通信	C_1
	控制	C_2
环境感知类B	获取协同环境信息、信息搜索	B_1，B_2
	信息捕获	B_3，B_4，…，B_n
协作群体结构类C	群体信息组织结构信息管理、群体协作任务信息管理	C_3，C_4，…，C_n

续表

角色类别	角色功能	执行者
信息存储类 D	存储 GIS 信息	D_1
	协作场景状态信息	D_2
	协作动态变化	D_3
协作综合态势类 E	信息融合	E_1
	信息噪声的对准和同步	E_2
	规则转换	E_3
动态协作类 F	接收综合协作态势信息	RC，F_1
	生成协作决策算法	F_2
	提供缓存控制，发送协作场景信息需求	RC，F_3
	优化调度	OA
	远程控制	RC
	人机交互	HM
协作决策类 G	协作决策的生成、协作决策调整、协作行为	G_1，G_2，G_3
	执行控制具体功能部件	G_4，G_5，…，G_n

我们把南水北调中线工程应急管理涉及的任务事件划分为 7 类，除了 F 类以外，成员交互类 A、环境感知类 B、协作群体结构类 C、信息存储类 D、协作综合态势类 E、协作决策类 G 对应于项目第三层设计的实体部门。这一层是对南水北调中线工程动态协同应急管理指挥系统的组织部门和结构的搭建，是组织设计最为直观的部分。

在这些任务中，各个联合应急 Agent 具有的功能可以划分为以下几个方面：①各 Agent 相互协作过程中对应急环境进行实时感知；②根据协同应急管理的需要，与其他应急 Agent 进行适时的信息交互；③协作决策是 Agent 所具有的最重要的功能，要根据所拥有的关于各方应急力量的协作信息，在具体的应急规则指导下，指定协作决策方法，使自身在整个应急行动中能够完成与其他 Agent 的协作；④根据所制定的协作决策，调用系统的相应的功能模块并执行，同时接受外界协作环境对其产生的影响，完成预期的应急目标；⑤在协作过程中，对协作决策进行动态的调整，使其状态和动作能够适应复杂的联合应急协同组织管理的要求。

这是一种介于机械式和有机式组织结构之间的组织协同方案，一方面，协同系统复杂性较高；另一方面，权力集中且正规化程度较高。在多 Agent 系统中，单个 Agent 往往不是独立完成某项任务的，它必须通过和其他 Agent 的正式交互，进行相互之间的规范协作，完成既定的应急任务。

对于南水北调中线工程应急风险管理的组织协作，项目利用各层多个 Agent 的交互，研究它们之间的相互合作和冲突消除算法，实现组织协同。

（二）动态任务分配协作算法

1. 合同网协议

项目设计的南水北调中线工程应急管理组织协同任务分配采用合同网协议，合同网协议是 Smith 和 Davis 于 1980 年提出的，主要用于研究分布式问题求解。其基本思想是利用招标—投标—中标这一机制将系统任务进行分配，通过招标方和投标方的双向选择，相互协商，避免资源和知识等发生冲突，提高系统完成任务的质量，降低系统代价。

2. 术语和约定

在向应急 Agent 分配应急任务时应遵从以下原则：

（1）“应急主要方面”原则。首先应将应急力量分配给事故主要方面，且优先分配给应急能力最强的 Agent。

（2）“到达救援现场时间最短”原则。

（3）“救援人员安全第一”原则。尽量避免应急救援人员和装备受到塌方、水流、倒塌等的伤害。

（4）“多种因素兼顾”原则。在前三条原则无法同时满足的情况下，应兼顾各原则，这是个多目标优化问题。

（5）“应急人员决策优先”原则。无论何时，应保证应急人员的决策比计算机优先级高，应急人员可以随时干预并更改计算机给出的应急处理和资源分配方案。

其中，A 代表 m 个应急 Agent 集合，$A=\{a_1, a_2, \cdots, a_m\}$。$T$ 代表需要完成的子任务集合，$T=\{t_1, t_2, \cdots, t_n\}$，$T^0=TU\{\phi\}$；其中 ϕ 为一虚拟任务，代表任务队列中的开始节点和终止节点。由于虚拟任务 ϕ 没有执行的过程，因此，开始执行时间为0，占用时间也为0。A_i 代表符合任务 t_i 要求的备选的应急 Agent 集合；$t_i \in T$，$A_i \subseteq A$。C_{ji}代表任务 Agent a_j（$a_j \in A$，$1 \leqslant j \leqslant m$）完成任务 t_i 所付出的代价。$x^j_{i1,i2}$表示当同时有两个任务 t_{i1} 和 t_{i2} 时都要和应急 Agent a_j 进行合作，且两个任务的执行顺序相接，即 t_{i2} 紧跟在 t_{i1} 之后执行，则 $x^j_{i1,i2}=1$，否则 $x^j_{i1,i2}=0$。其中 $t_{i1}, t_{i2} \in T^0$，所有未定义的 $x^j_{i1,i2}$ 值都为0。$N_{sj(t)}$ 代表 Agent a_j 在 t 时刻所具有的应急能力。H_{aj}代表权重，表明子任务组合效益。Q_{ik}代表潜在任务分配组。L_j 代表正式组。

$$\min \sum_{1 \leqslant i1 \leqslant n} \sum_{i1 \neq i2} \sum_{1 \leqslant j \leqslant m} (c_{j\,i1} x^j_{i1,i2}) \tag{6-1}$$

$$\text{s.t.}: \forall t_{i1} \in T, \forall t_{i2} \in T^0, a_j \in A$$

$$\max(W_{ij}),\ 1 \leqslant j \leqslant |P_i| \tag{6-2}$$

$$\text{s.t.}: \sum_{i1 \neq i2} \sum_{1 \leqslant j \leqslant m} x^j_{i1,i2} \leqslant 1, \forall t_{i1} \in T, \forall t_{i2} \in T^0, a_j \in A \tag{6-3}$$

$$\sum_{1 \leqslant i1 \leqslant n} x^j_{0i} \leqslant 1, \forall t_i \in T, a_i \in A \tag{6-4}$$

$$\sum_{i1 \neq i2} x^j_{i1,i2} - \sum_{i1 \neq i2} x^j_{i2,i1} = 0, \forall t_{i1}, t_{i2} \in T^0, a_j \in A \tag{6-5}$$

$$\min C_i \leqslant N_j(t),\ \forall t_{i1},\ t_{i2} \in T^0 \tag{6-6}$$

$$\text{s.t.}:\ x^j_{i1,i2} \in \{0,\ 1\},\ \forall t_{i1},\ t_{i2} \in T^0,\ a_j \in A$$

式（6-1）为目标函数，保证协同应急任务分配使得整个救援付出的代价最小。式（6-2）为在能够完成上级 Agent 分配的任务的前提下，争取最大的收益，付出最小的代价。式（6-3）使得某一应急任务只能执行一次，即应急任务具有不可再现性，一旦任务分配给某个应急 Agent 或者一组应急 Agent 并执行，这个任务即宣告结束，无须进行再次分配。当任务执行结束后，后续任务只能有一个，该后续任务可以是虚拟任务。式（6－4）确保应急 Agent 的任务队列中的起始节点唯一。式（6－5）确保应急 Agent 的任务队列中任务的执行时间不会重叠，前任任务和后续任务与当前任务 t_i 共同占用应急 Agent s_j。式（6－6）确保任务执行的能力和资源的需求，当应急 Agent s_j 在 t 时刻开始执行任务时，可以提供的应急能力和资源要大于等于该任务所要求的力量总数，否则任务将无法完成。

3. 任务优化分配算法

上级 Agent 分配任务的原则是：在能够完成任务的前提下，以最小的应急代价和消耗获取最大的应急效果。算法如下：

（1）应急 Agent a_j（$a_j \in A$，$1 \leqslant j \leqslant m$）向上一级指挥 Agent c 公布所能完成的任务集 T_j，$T_j \subseteq T$。

（2）应急 Agent 将自身的完成任务的能力上报给上级指挥Agent c。完成任务的能力为 $N_{sj} = \{k_{i1}t_1, k_{i2}t_2, \cdots, k_{im}t_m\}$，$\forall 1 \leqslant j \leqslant m$，如果 $\bigcup_{1 \leqslant j \leqslant m} T_j = T$ 并且 $\sum_{i=1}^{n} k_{ij} \geqslant 1$ 转（3），否则退出算法。

（3）a_j 给出 T_j 中完成所有子任务所付出的代价 c_{jk}（$1 \leqslant k \leqslant l$，$l = |T_j|$，$t_k \in T_j$），将结果返回给上一级 Agent c，这里 c_{jk}就是 s_j 完成任务 t_k 需要的应急能力。此处的应急能力是任务 t_k 在 T_j 中某一位置，a_j 完成其所付出的代价。虽然应急任务相同，如同是水情探查，由于在不同应急阶段或者即使在同一应急阶段但不同的探查的范围不同，完成此项探查任务需要的力量和付出的代价也是不同的，因此，应急任务 t_k 在不同任务序列或同一任务序列不同位置时，在时间环境等约束条件下，a_j 完成时付出的代价可能是不一样的。

（4）在应急能力集 T_j 中，所能完成子任务共有 $2^{|T_j|}-1$ 种可能，a_j 对其进行完全组合，将组合的结果记入 Q_j 中，得到的集合 Q_j 即为 a_j 的潜在任务组。

（5）将潜在任务组集合表示为 $Q_j = \{q_{j1}, q_{j2}, \cdots, q_{j\alpha}\}$，其中

$1 \leqslant \alpha \leqslant 2^{|T_j|}-1$，则应急付出的代价值表为 $SC_j = \{sc_{j1}, sc_{j2}, \cdots, sc_{j\alpha}\}$。对 $q_{j\alpha}$ 中的任务是按 T_j 中任务执行时间顺序递增排列的。

（6）各应急 Agent 给出的代价值 c_{jk}（$a_j \in A$, $1 \leqslant j \leqslant m$）发送给指挥 Agent c，指挥 Agent c 得到每一子任务的最小代价值 e_k（$1 \leqslant k \leqslant n$），构成最小代价值表 $E = \{e_1, e_2, \cdots, e_k, \cdots, e_n\}$，并返回给 T 的回应者。其中，$e_k = \min\{ap_{j\alpha} \mid t_k \in q_{j\alpha};\ 1 \leqslant \alpha \leqslant 2^{|T_j|}-1;\ 1 \leqslant j \leqslant m\}$，$k=1, 2, \cdots, n$。

（7）a_j 接收到最小代价值表 E 之后，通过潜在任务组 Q 中所有完成任务所付代价的归一化处理来比较最适合完成任务的 Agent，计算权重 $H_{j\alpha}/sc_{j\alpha}$。其中 $H_{j\alpha} = \sum_{\{t_k\} \in q_{ja}} e_k$。

（8）经过计算得出潜在任务组完成任务的权重集合，进行比较，找出权重最大的潜在任务组 $q_{j'k}$，即 $q_{j'k}$ 满足下面的条件：$(H_{jk}/sc_{jk}) \geqslant (H_{j\alpha}/sc_{j\alpha})$，$1 \leqslant \alpha \leqslant |Q_j|$，并将 $q_{j'k}$ 及对应的权重 W_{jk}/sc_{jk} 反馈给 Agent c。此时，有可能出现两个或者两个以上权重最大的任务组，表明具备完成此任务的应急 Agent 可能有多个，则进一步选择实际开始执行时间最早的任务组，即选择能尽快到达指定救援现场或者救援阵地的应急 Agent。如假设得到权重最大任务组有两个：$q_{j\alpha1}$ 和 $q_{j\alpha2}$，$q_{j\alpha1} = \{t_1, t_2\}$，$q_{j\alpha2} = \{t_1, t_3\}$，由于任务组中任务是按原 T_j 中任务执行时间顺序递增排列的（$T_j = \{t_1, t_2, t_3, \cdots, t_l\}$，$l = |T_j|$），因此，确定由哪个任务组来最终完成应急任务，取决于任务组中开始执行的时间，对两个任务组中的第一个任务进行比较，此时都为 t_1，实际开始执行时间一样，继而要对第二个任务进行比较，对应为 t_2 和 t_3，在 T_j 中 $st_2 > st_3$，故选择 $q_{j\alpha2}$。以此类推，直到找出权重最大并开始执行时间最早的任务组即为所选任务组，这个任务组既有较强的应急能力，同时又会以较快的速度到达现场。

指挥 Agent c 计算得到权重最大的潜在任务组 $q_{j'k}$，即 $q_{j'k}$ 满足下面的条件：$(H_{j'k}/sc_{j'k}) \geqslant (H_{j\alpha}/sc_{j\alpha})$，$s_j \in S$，$1 \leqslant j \leqslant m$，将向所有应

急 Agent 发出通告，$q_{j'k}$为应急 Agent $a_{j'}$的长期任务组。

$a_{j'}$同样也会收到该通告，之后将 $q_{j'k}$添加到其长期任务组列表 $L_{j'}$，对于其他的应急 Agent 在收到 $q_{j'k}$为应急 Agent $a_{j'}$的长期任务组的通告之后，将把该任务组 $q_{j\alpha}$从 Q_j 中删除，即对 $\forall_j$，α，$q_{j\alpha} \cap q_{j'k} \neq \varphi$ 时，删除权重 $H_{j\alpha}/sc_{j\alpha}$，返回（8），进行循环计算，这时潜在任务组为删除 $q_{j\alpha}$之后剩余的任务队列，同理找出最大权值，直到$Q_j = \varphi$。

二　基于 Spark 技术的信息协同机制

（一）Spark 分布式信息处理框架

解决大量南水北调中线工程应急信息在众多部门之间有效协同的关键有四点：一是选用一种能够处理大量结构化信息、流数据等的信息处理技术；二是能够在应急事故处于萌芽状态时，根据汇集的各种探测信息，应用机器学习算法反复迭代识别应急风险的类型和状态；三是需要在应急过程中，各方能够通过信息协助平台的交互来减缓减轻事态的扩大；四是在应急事件信息协同过程中，具有可靠性和容错性。本书采用 Apache Spark 技术来解决这些问题。

Apache Spark 是一种能够及时处理大量结构化信息、流数据等信息分布式处理技术。与其他大数据处理平台不同，Spark 是运行在统一抽象的弹性分布式数据集（Resilient Distributed Dataset，RDD）上的，具有通用的编程抽象，能够以基本一致的方式应对不同的大数据处理场景，实现 MapReduce，Streaming，SQL，Machine Learning 以及 Graph 等的运算。所以 Apache Spark 能够处理南水北调中线工程应急信息协同运用中的大量信息。

Apache Spark 是一种能够处理反复迭代类型运算，能够进行交互式数据分析运算的大数据分析技术。这是由 Spark 的内存运行方式决定的。Spark 可以与 HDFS 交互取得里面的数据文件实现交互运算。所以，Apache Spark 能够在南水北调中线工程应急事故处于萌芽状态时，根据汇集的各种探测信息，应用机器学习算法反复迭代识别应急风险的类型和状态。能够在南水北调中线工程应急事故过程中，辅助各方与信息协助平台进行交互来减缓减轻事态的扩大。

Apache Spark 是一种分布式计算的容错能力强大的大数据分析技术。RDD 的血统关系记录粗颗粒度的特定数据转换（Transformation）操作（filter，map，join 等）行为。当 RDD 的部分分区数据丢失时，它可以通过血统关系获取足够的信息来重新运算和恢复丢失的数据分区。通过 checkpint 进行容错，通过记录跟踪所有生成 RDD 的转换，即记录每个 RDD 的血统关系来重新计算生成丢失的分区数据。Apache Spark 能够在南水北调中线工程突发应急事故时，不会因为个别设备的故障影响信息协同机制的运转。

综上所述，本书选择基于 Apache Spark 计算框架来设计南水北调中线工程应急信息协同机制。

（二）基于 Spark 的应急信息协同机制

本书设计应急信息协同处理框架来静态地描述各个模块的作用和相互之间的关系，设计应急信息协同处理机制来动态地描述出现应急事件时信息的传送过程。

1. 应急信息协同处理框架

应急信息协同处理框架涉及中线建管局、中线水源公司、应急现场单位、应急事故类型库、现场设备采集模块、信息传输模块和 Spark 机群。

中线建管局和中线水源公司为常设机构。中线建管局主要负责南水北调中线干线工程建设及运行管理和各项经营活动，下设 13 个部门和 4 个直管项目建设管理单位。中线水源公司主要负责丹江口大坝加高、陶岔枢纽和水库移民等工程建设、管理工作。

应急现场单位为解决应急事件的临时现场组织。主要由现场总指挥、事故发生单位、事故发生地建设部门、事故发生地行政主管部门、后勤保障部门、事故调查部门、恢复重建部门、损失评估部门、安全警戒保障部门和信息保障部门组成。应急现场单位不是常设机构。当系统根据所获取的信息分析结果进行预警后，根据警报的类型和等级临时组建，统一协调。

应急事故类型库是根据专家知识和积累的历史数据建设的知识

库。主要考虑人工封闭水体可能发生的水华事件、塌方事件、农业环境污染突发事件、火灾事件、环境污染突发事件、触电事件、倒虹吸事件和人为破坏事件。

现场采集模块主要包括水文探测器、摄像头、手机、手台、PDA 和巡视车。水文探测器包括固定和浮动的水温探测器、降雨量探测器、流速探测器、流量探测器、水位探测器、含沙量探测器、透明度探测器、浊度探测器和 Chla 浓度探测器。现场采集模块被安装在南水北调主干线及各个蓄水湖现场。

信息传输模块负责通过公共网络和专线网络等多种传输方式将各个模块之间安全畅通的链接在一起。公共网络主要指 2G、3G、4G 电话网络，卫星网络。专线网络主要指系统内部建设的专用光纤网络和无线电网络。

Spark 机群负责其他各个模块之间及各个模块内部信息的协同处理，完成基于 Spark 的应急信息协同计算，是整个系统实现的核心。图 6 - 8 是实现基于 Spark 的应急信息协同的计算平台。本书把此平台按照功能逻辑分成采集层、存储层、分析层、集成层和交互层 5 层。

采集层负责接收转发最基层的信息数据。由独立的数据接口服务器和所支持的不同传输协议组成。采集的数据支持 TCP/IP 协议的互联网接入设备，支持工业总线协议的探测器接入设备，支持流数据协议的视频、音频数据设备接入。

存储层负责采用三种存储机制，分别是分布式文件存储 HDFS、关系数据库存储和数据仓库存储。数据接口服务器采集到的数据直接存储在本地的关系数据库中，然后通过 sqoop 转移到 HDFS 中进行分布存储。数据仓库主要负责存储应急事件类型知识和重要历史数据。

分析层是在 RDD 的基础上提供结构化查询功能 Spark SQL 访问结构化数据，提供 Spark Streaming 功能访问实时流数据，提供 mlib 实现一些基本的机器学习功能。

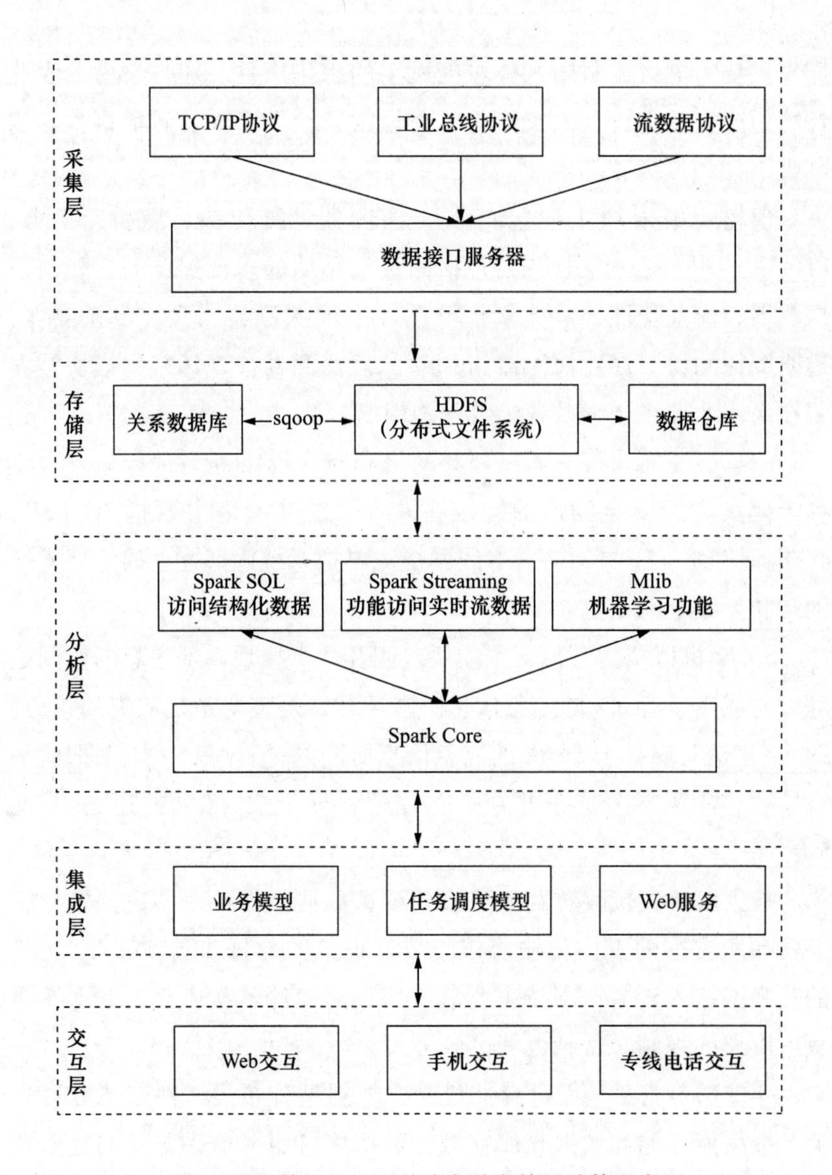

图 6－8　基于 Spark 的应急信息协同计算平台

集成层负责实现具体的应急信息协同业务模型、任务调度模型和通常的 Web 服务。

交互层负责用户与信息协同系统的交互。不管是在建管局和水源公司的后方人员，还是应急现场的人员和值班员，都是通过交互层接入系统。交互的方式包括 Web 交互方式、手机交互方式和专线电话交互方式等。

2. 基于 Spark 的应急信息协同处理机制

对于基于 Spark 的应急信息协同机制仿真模型，具体的业务执行可以分成 3 个层次（如图 6－9 所示），分别是管理层、协同层和执行层。

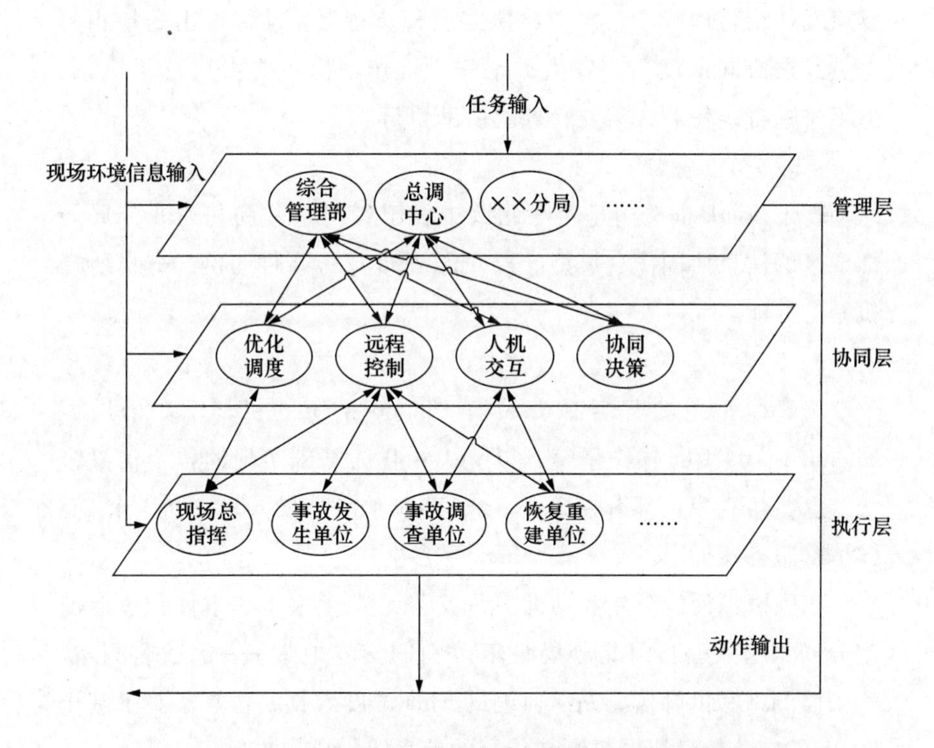

图 6－9　基于 Spark 的应急信息协同业务执行模型

管理层不负责具体的执行，但需要根据各方情况做出决策，负责安排执行单位、物资调度、人员安排等工作。决策的过程和决策指令的下达是通过协同层实现的。协同层提供优化调度模型、远程控制技术、人机交互方式和协同决策模型，主要由 Spark 机群实现这些功能。管理层通过协同层下达的指令，由执行层中的现场总指挥、事故发生单位、事故调查单位、恢复重建单位等具体执行部门落实。

业务执行模型中有两类输入和一类输出。输入包括任务输入和现场环境信息输入。任务输入是指具体的业务类型，例如水华事件处理业务类型或农业环境突发污染事件业务类型等，针对不同的业务类型，输入相应的现场环境信息，即现场采集模块中相应的采集设备感知的状态数据。任务输入只发送给管理层，但现场环境信息不只发送给管理层，还发送给协同层和执行层。动作输出是指相关人员经过协同调度后，发生的动作。动作输出主要由执行层执行，但不排除特定任务，需要管理层协助执行。

(三) 仿真实验

基于 Spark 框架构建南水北调中线工程河南分局和河北分局局部地区的信息协同仿真模型。以 Chla 浓度超标事件为例，分析所提机制的性能。

1. 仿真平台构建

仿真模型主要部署在安装有 Ubuntu 系统的机群上。采用了 Ubuntu 14. 04 LTS 操作系统，以 jre1. 8. 0 为基础实现的各个仿真模块。这些仿真模块部署在 2 个 NameNode 服务器做 master 和 3 个 DataNode 服务器做 slave，搭建 Spark 平台上。

实验模拟河南分局和河北分局交界地带发生水华事件，选取河南分局管辖范围与河北分局管辖范围的交界地带——鹤壁监测站、安阳监测站和邯郸监测站所监测的 Chla 浓度数据，仿真实验了基于 Spark 的应急信息协同机制与传统的信息协同机制。

2. 仿真实验设计

仿真实验按照图 6 – 10 设计两种对 Chla 浓度监测信息的应急信息协同机制。图 6 – 10（a）展示的是传统信息协同机制，是一种垂直的分层信息传输机制。图 6 – 10（b）展示的是基于 Spark 的信息协同机制，是一种以 Spark 信息处理平台为媒介的扁平信息传输机制。

为了验证对于层次较多的组织机构，图 6 – 10（b）具有较高的信息协同传输效率和较大的信息传送范围，进行了2次仿真实验。

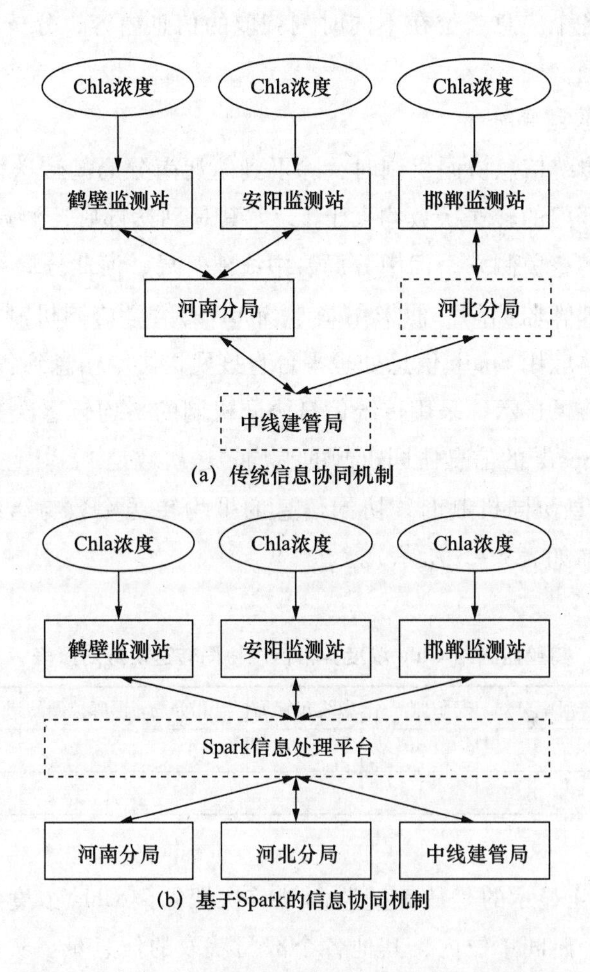

图6-10　Chla超标案例应急信息协同机制对比图

对于传输效率分析实验，仅以鹤壁监测站监测到Chla浓度超标信息后，转送到其他部门的次数为例，比较两种机制的效率。针对两种机制，分别触发鹤壁监测站探测到Chla浓度超标，然后发送给其他部门，并记录各个部门获取该信息的时刻，分析协同信息的传输效率。

对于传送范围分析实验，针对两种机制，分别在固定时间间隔顺序触发鹤壁监测站、安阳监测站和邯郸监测站探测到 Chla 浓度超标，记录各个应急单位在不同时刻获取的信息内容，分析协同信息的传送范围。

3. 实验结果分析

采用传统信息协同机制时，除了到达河南分局的转送次数是 1，到达其他部门的转送次数均大于 1，尤其是到达邯郸监测站的次数，需要经过鹤壁监测站、河南分局、中线建管局、河北分局 4 次转送，才能到达邯郸监测站。而采用基于 Spark 的信息协同机制时，鹤壁监测站能够应用 Spark 信息处理平台直接发送协同信息到各个部门。

仿真结果显示，采用传统信息协同机制的平均转送次数是 2.4，采用基于 Spark 的信息协同机制的平均转送次数是 1，并且采用基于 Spark 的信息协同机制时，协同信息的平均转送次数与组织部门的多少无关（如表 6 - 3 所示）。

表 6 - 3　鹤壁监测站 Chla 浓度异常信息协同转送次数对照表

机制类型	河南分局	安阳监测站	中线建管局	河北分局	邯郸监测站	平均转送次数
传统机制	1	2	2	3	4	2.4
Spark 机制	1	1	1	1	1	1

表 6 - 4 显示的是从鹤壁监测站首次探测到 Chla 浓度超标信息后，在 5 个时间单位内，其他各个部门获取的信息量。实验假定鹤壁监测站、安阳监测站和邯郸监测站监测到的 Chla 浓度异常信息均为 1 个单位的信息量。

表 6 - 4 显示，在 T_0 到 T_4 的任意时刻的任意部门，基于 Spark 的信息协同框架为各个单位提供的信息量之和都不少于传统信息协同框架提供的。对于任何一个信息接收部门而言，采用基于 Spark 的信息协同框架时，获取的信息量均多于采用传统信息协同框架获取的。对于全部信息接收部门而言，基于 Spark 的信息协同框架的从 T_0 到 T_4 时刻获取的总信息量是 57，采用传统信息协同框架时是

37，表明基于 Spark 的信息协同框架比传统信息协同框架对协同信息的传输范围广。

表 6－4　　5 个时间单位内 Chla 浓度监测异常信息量对照表

机制类型		T_0	T_1	T_2	T_3	T_4	总信息量
基于 Spark 的信息协同框架	鹤壁监测站	●	●	●■	●■▲	●■▲	10
	安阳监测站		●■	●■	●■▲	●■▲	10
	河南分局		●	●■	●■▲	●■▲	9
	邯郸监测站		●	●■▲	●■▲	●■▲	10
	河北分局		●	●■	●■▲	●■▲	9
	中线建管局		●	●■	●■▲	●■▲	9
	信息量	1	7	13	18	18	57
传统信息协同框架	鹤壁监测站	●	●	●	●■	●■	7
	安阳监测站		■	●■	●■	●■	7
	邯郸监测站			▲	▲	●▲	4
	河南分局		●	●■	●■	●■	7
	河北分局				●▲	●■▲	5
	中线建管局			●●	●■	●■▲	7
	信息量	1	3	8	11	14	37

注：●表示鹤壁监测站监测的 Chla 异常信息量；■表示安阳监测站监测的 Chla 异常信息量；▲表示邯郸监测站监测的 Chla 异常信息量。

另外，对于基于 Spark 的信息协同框架，任何一个监测站点监测到 Chla 浓度超标，其后一个时刻，其他所有部门均能获取该情报；对于传统的信息协同框架，邯郸监测站的监测信息，在 T_4 时刻结束时，河南分局及其下辖的鹤壁监测站和安阳监测站仍然无法获取。

三　资源协同

在经济学中，资源有狭义和广义之分。狭义资源是指自然资源；广义资源是指经济资源或生产要素，包括自然资源、劳动力和资本等。可以说，资源是指社会经济活动中人力、物力和财力的总和，是社会经济发展的基本物质条件，具有稀缺性。

资源协同是指社会都必须通过一定的方式把有限的资源合理分配到社会的各个领域中去，以实现资源的最佳利用，即用最少的资源耗费，生产出最适用的商品和劳务，获取最佳的效益，其实质是在一定的范围内，社会对其所拥有的各种资源在其不同用途之间分配。资源协同合理与否，对一个国家的经济发展有着极其重要的影响。一般来说，如果资源协同合理，经济效益就将显著提高，经济发展就能充满活力；否则，经济效益就将明显下降，经济发展就会受到阻碍。

不同于水域污染和水上救援等应急事件，其资源协同研究内容为保障体系正常运行所需要的人力、物资、资金、设施、信息和技术等各类资源的静态配置和动态调度，在南水北调中线工程中，水资源协同侧重于研究北调水，受水区地表水、地下水及受水区水库储备水等各类水资源的联合运用和相互调剂。

南水北调中线工程水资源协同技术是一项开创性的关键技术，涉及面广、难度大、问题错综复杂，水资源协同成果直接关系到南水北调中线工程规模、工程效益与各种水资源的利用效率，关系到有效缓解京、津、华北地区缺水情况和改善生态环境的效果。

中线工程水资源协同存在如下特点：涉及范围广，距离长，各地水资源特性存在很大差异；供水对象为北方受水区的城市，要求供水保证率高；要求各种水源得到充分利用，但存在水资源年内年际不均匀性；受水区无在线调蓄水库；调水不应影响汉江中下游用水和河道生态环境，实现南北两利；渠道工程规模应经济合理。

（一）南水北调水资源协同配置

南水北调中线工程水资源协同，是在充分节水、挖潜和治污的前提下，分析水源区、受水区来水特性和受水区的用水规律，全面考虑受水区当地地表水、地下水和北调水联合运用、丰枯互补，共同保障受水区城市和生态环境修复的需水要求，从而建立多水源大系统水资源协同模拟模型，通过对不同水资源协同方案的研究提出中线工程受水区充分有效地利用各种水资源的优化方案，并研究确定中线工程北调水量、各省市分水量、总干渠及分水口规模。

1. 中线水资源协同原则

（1）北调水须与受水区当地水联合运用、丰枯互补

根据实测资料，选用同步系列较长，测站分布较为均匀，有一定代表性的雨量站降水资料进行分析计算，系列为1954—1998年共45年。经丰枯遭遇分析，水源区与唐白河区同枯或同时偏枯的概率约为27%，水源区与淮河区同枯或同时偏枯的概率约为18%，水源区与海河南同枯或同时偏枯的概率约为18%，水源区与海河北同枯或同时偏枯的概率约为11%。从南到北遭遇同时枯水年的概率逐渐递减，说明水源区与受水区水资源具有较好的互补性。

总干渠两岸有较多的已建水利工程和供水系统，因水资源短缺，上游用水增加，导致入库径流减少，这些水库都可以为中线的供水提供调蓄容积。

根据对北调水与当地水不同供水次序组合方案的模拟结果分析，采用北调水与当地水联合运用、相互调剂，共同满足受水区需水要求的水资源协同原则时，城镇供水保证率最高。表6-5为三种不同供水次序组合方案的供水效果比较。三种供水次序组合方案分别为：①以北调水为主进行供水调度，即首先由北调水供水，当北调水供水不足时，再由当地地表水和地下水供水；②以当地水为主进行供水调度，即首先由当地水供水，当供水不足时，由北调水补充；③北调水与当地水相互调剂、丰枯互补，即对各水源不同供水目标设置停供线及充库系数等参数，优化各水源的供水次序，保障各水源均得到充分利用。

通常，城市供水水量保证率应超过95%，时段保证率应超过90%。对1954—1998年长系列逐旬资料进行供水模拟计算，从计算结果中选石家庄、廊坊、北京、天津4个典型城市的水量保证率和时段保证率进行比较。从表6-5中可以看出，北调水与当地水联合运用、丰枯互补时，4个城市的水量保证率和时段保证率均满足

要求。

表 6－5　　三种不同供水次序组合方案的供水效果比较

用水城市	以北调水为主供水		以当地水为主供水		北调水与当地水联合运用	
	水量保证率（%）	时段保证率（%）	水量保证率（%）	时段保证率（%）	水量保证率（%）	时段保证率（%）
石家庄	97	96	94	90	99	98
廊坊市	80	81	92	69	95	90
北京市	99	99	97	98	98	99
天津市	100	100	94	97	100	100

（2）中线水资源协同供水调度原则

中线水资源协同主要原则及供水调度规则如下：①丹江口水库首先根据上游来水，在满足汉江中下游防洪、用水，湖北清泉沟引丹灌区用水后，再按北方需要调水。②充分考虑当地地表水、地下水的丰枯互补作用及调蓄工程的作用。③北方各城市用水对象可被归纳为生活、工业、其他（含环境），并按重要性可依次排列为生活、工业、其他。④受水区当地调蓄工程仅选用已向城市供水的大中型水库。⑤调蓄水库的调度规则：汛期（7—9 月）预留防洪库容，剩余兴利库容参与中线调水的调蓄，非汛期全部兴利库容调节当地水和北调水；为保证重点用水部门的供水，设定不同用户供水停供线，由上而下分别为其他供水限制线、工业供水限制线，当水库水位降到第一条停供线时，水库停止向其他项供水，如水位继续下降到第二条停供线时，停止向工业供水，只向生活供水。⑥水资源联合运用方式：当地水库上游来水，先充蓄水库，蓄到限定库容后的余水首先供水，为避免地下水开采年际间变化过大，适当开采部分地下水；若用户需水不能得到满足，则由中线北调水供水；用户需水仍不能得到满足，由当地水库蓄水供水；用户仍缺水再增加地下水开采。

2. 中线水资源协同模型

（1）中线水资源系统概化方法

首先根据中线供水系统的逻辑关系，对实际供水系统进行概化。将丹江口水库、汉江中下游、中线工程输水总干渠和分干渠，受水区当地地表水、地下水、用水户等组合成水资源系统；再按总干渠上的分水口和相对独立的供水渠系划分为小的用水单元，这些用水单元被称为用水片。对供需水网络建立拓扑关系，将城镇用水点、水库点、分水点、汇水点等概化为网络节点；将渠道、管道等概化为有向线段，这样就形成了中线水资源系统的节点网络关系图。中线工程供水系统局部节点网络图（以河南省为例）如图 6 - 11 所示。

（2）中线水资源协同模型

大型多水源、多用户供水系统的运行调度是一个复杂的系统工程。其目标是在遵循各水源千差万别的约束条件以及渠道运行规则的前提下，确定供水方案，以满足各用水户的要求。

软件的原理是按水资源系统的节点网络图，进行编码并填写数据输入表，然后按调度规则进行各节点的供需水平衡，模拟系统的实际供水过程，通过分析计算结果对调度方案进行评价。

1）数学原理

①用水节点。任何时段任何用水节点均有以下等式成立：

缺水量 = 需水量 - 供水量

需水量 = 该节点的生活需水 + 工业需水 + 其他需水

供水量 = 与该节点相连的各渠段供水流量之和 × 时段长

②分水节点。分水节点有一个入流和两个出流，满足以下等式：

入流 = 出流 1 + 出流 2

分流比 = 上报到该分水节点出流 1 的需水量 ÷ 出流 2 的需水量

③汇水节点。汇水节点有两个入流和一个出流。

入流 1 + 入流 2 = 出流

入流 1、入流 2 按给定的优先级供水，优先级高的入流先供水；

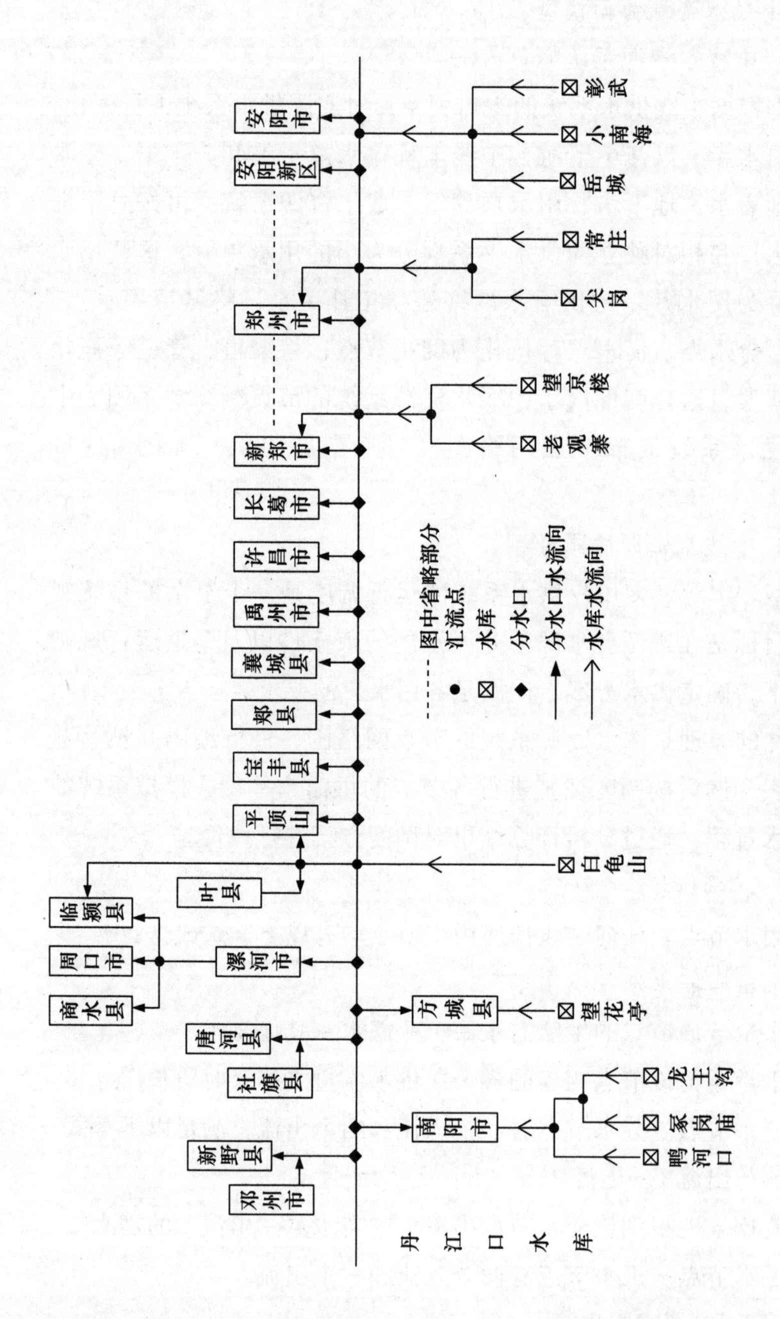

图6-11 南水北调中线工程河南段受水区水资源系统网络

若不能满足出流的需水量时，则由另一个入流供水。

④输水渠段。

渠段起点的流量 = 渠段末点的流量 + 渠段输水流量损失

渠段输水流量损失 = 渠段长度 × 单位长度的流量损失

渠段起点的流量≤该渠段的过流能力

⑤水源节点。

地表水库节点：

入库水量 = 供水量 + 弃水量 + 蓄量的变化

水库蓄量的变化受防洪限制线、供水限制线、充库系数等调度参数的约束。

地下水节点：

补给量 = 供水量 + 蓄量的变化 + 出流量

时段供水量≤3 × 可开采量/每年可开采量

2）计算步骤

①设定模型参数、调度规则、时段步长。

②从长系列的起始时段，逐时段调节计算，直到长系列的终点时段。

③各时段内，首先从用水节点开始，按网络节点的拓扑关系，逐级向水源上报需水量。到达各水源后，再按上报的需水量及水源的调度规划，确定供水量。最后，反方向逐级向下分配水量。

3）供水限制线、充库系数等参数的优化方法

以长系列的总缺水量最小作为目标，对各水源的供水限制线及充库系数等参数进行优化。

①优化目标。以整个水资源系统长系列的总缺水量最小作为优化目标，即：

$$DW = \min \sum_{t=1}^{T} \left(\sum_{n=1}^{N} dw(n,t) \right) \tag{6-7}$$

其中，$dw(n, t)$ 表示第 n 个用水户、第 t 时段需水量与供水量的差值；T 为长系列总时段数；N 表示中线水资源系统的用水户

总数。

②约束条件。

a. 输水能力约束。

$$Q(m,\ t) \leqslant QL(m) \tag{6-8}$$

其中，$QL(m)$ 表示第 m 号渠段的过流能力；$Q(m,\ t)$ 表示第 m 号渠段 t 时段通过的流量。

b. 供水保证率。用水户水量保证率≥95%；用水户时段保证率≥90%。

c. 水库的水量平衡。

$$\Delta V = Win - Ws - Wd \tag{6-9}$$

其中，ΔV 为水库的蓄量变化；Win 为水库入库水量；Ws 为水库供水量；Wd 为水库弃水量。

优化后的水库调度线和充库系数可作为中线工程实际运行时的调度参数。

（二）总干渠分段流量规模确定方法

1. 总干渠分段流量设计

总干渠流量规模与可调水量、水源调度方式、需水要求、当地水供水能力、调蓄工程布置等紧密相关。总干渠分段流量规模既要满足受水区供水要求，又要尽量使工程规模经济合理。中线工程总干渠分段流量规模是影响渠道工程量的重要因素。如何确定中线总干渠这一大型渠道系统的设计流量，至今尚无规范可循。针对中线工程总干渠特点，在尽量满足受水区各部门需水要求的前提下，通过整个中线工程系统的水资源（当地水与北调水）联合运用，对不同的渠道分段规模分别进行供水调节计算，分析各用水片的供水保证率和各水源的利用状况，然后对比选出合理的渠道流量规模。

2. 总干渠分段流量设计步骤

（1）首先设定不同的陶岔渠首规模，总干渠其他段的流量规模按逐段递减的原则初步拟定。根据模拟供水调度计算结果，选取合理的陶岔渠首规模。

（2）对渠道末端进北京、天津的流量规模设定不同的数值进行全线的供水模拟调节计算，根据供水效果选择北京和天津的流量规模。

（3）按两端固定、逐段递减的原则，对河南、河北各段流量规模进行反复试算和比较，确定各段的控制流量。

（三）水资源协同配置效果分析

1. 供需水量分析

受水区多年平均供水量 40.57 亿立方米，其中引丹水 28.35 亿立方米，当地地表水供水 6.27 亿立方米，地下水供水 2.04 亿立方米，全区年均总需水量 41.89 亿立方米，年均缺水量 1.32 亿立方米，占总需水量的 3.2%。

多年平均引丹供水 28.35 亿立方米，其中由分水口门直接供水 24.50 亿立方米，经充库调蓄供水 3.85 亿立方米，年均引丹余水 1.58 亿立方米，引丹水利用率达 94.7%。

2. 地下水开采量分析

全区引丹供水占全受水区总供水量的 71%，可以从根本上改变城市靠超采地下水维持供水的状况，对受水区社会经济可持续发展起到了重要的保障作用。但在枯水年份引丹供水不足，一些城市需要增加地下水开采量保证城市生活、工业用水。经调节计算，多年平均地下水开采量达 2.04 亿立方米，枯水年份地下水最大开采量达 4.10 亿— 4.65 亿立方米。

3. 供水保证程度分析

通过三水联合调度、合理配置、丰枯互补，可以有效利用各类水源。城市生活供水保证率均能达到 95% 以上、大多数城市工业供水保证率可达 90%— 97%，少数县城工业供水保证率为 70%— 80%。

4. 环境用水量分析

经调节计算，省辖市环境供水保证率可达 90% 以上，县城可达 60% 以上。

第七章　南水北调中线工程突发事件应急联动体系保障机制

第一节　法律保障

应急联动体系的有效运行，离不开法律、技术、资源等方面的保障。其中，法律保障是基础。

调水工程突发公共事件应急管理管理主体多，既有政府、企业、社会公众，又有非政府组织，要使这个庞大体系能够协调高效地运作，必须实现联动运作，而应急联动主体各有各的利益，在应急联动过程中难免会发生利益冲突。在这种情况下，必须以法律为保障，以法律的形式来界定各参与主体的责任和权力，以法律来规范和制约权力的运行，才能确保政府在危机紧急状态下的理性行为，增强人们的应急联动观念。

一　完善应急联动体系立法

在依法治国方针的指导下，将突发事件应急联动管理体系建设纳入法制化建设范畴，不断完善应急管理的法律法规，有效调整不同管理主体在应急管理中的行为，整合各自掌握的应急管理资源，提升应急管理能力。

对于相关应急联动体系的立法，第一，设立综合性联动的常规管理机构，由南水北调办公室主任担任组长，沿线各省级南水北调办公室主任担任副组长，抽调参与应急管理的职能部门相关人员组

成小组，统一领导南水北调中线事件的应急管理工作，负责突发公共事件的应急联动处置。通过立法规定该机构可以统一指挥、协调相关应急职能部门，实现联合行动。第二，加强应急联动部门之间权责利之间的法律法规的立法工作，特别是部门之间实现资源联动、信息联动、决策联动的程序，应急系统建设技术标准及其应急机构与公众之间的责任认定，应急“联动”经费保障等诸多方面的立法工作。第三，加快对于非政府组织及公众参与突发公共事件应急管理的法律规范方面的立法工作，明确公众及非政府组织参与突发公共事件应急管理的行为准则，可以借鉴日本经验，设置专门协调和组织民间救援力量的机构——灾害志愿者中心，并给予中心相应的法律权利及义务，志愿者参与应急管理，必须先向中心申请。第四，抓紧对于紧急情况下应对突发公共事件，行政越权与滥用权力的监督机制的立法工作。第五，加快对应急联动专业人员培养机制的立法工作，使其专业的人才培养机制规范化、法制化与常规化，为专业培养应急联动人才奠定坚实的法律基础。

二　健全常规突发重大事件应急预案机制

常规突发事件由于具有一定的规律性或具有明显的先兆性，可以通过发挥应急预案的作用，减少其带来的损失，重大事件的应急预案尤为重要。重大事件具有影响范围大、后果严重等特点，一旦发生，后果将不堪设想。目前我国已有针对天气变化的气象应急预案，在此基础上，应健全干旱和洪涝灾害的专项应急预案。预案总体应包括总则、应急组织体系、相关应急管理职能部门职责、预警预防机制、应急响应、后期处置、保障措施、宣传培训与演习等诸多环节与程序。具体而言，总则与应急组织体系重在说明编制目的、编制依据、概念与分级、适用范围、工作原则，成立应急联动办公室，统筹活动的相关应急管理事宜。预警预防机制、应急响应主要是根据国家突发公共事件应急总预案，进行分级标准、分级响应，及时报告事件概况、应急救助情况、应急状态等。对于后期处置、保障措施、宣传培训等主要是指在应急响应结束后，如何在最短的时间内化解事件的不良效益，如何建立完善相关物质保障机制与财政保障机制，如何做好事件事后反思与学习等问题。

第二节 技术保障

随着现代科学信息技术的快速发展，为突发事件的应急联动管理提供了许多崭新的方法措施，也为未来政府应急管理能力的提升创造了诸多机会。目前，保障应急联动体系运行所需要的技术保障条件，较多的是计算机辅助指挥调度系统（CAD）、无线通信系统、有线通信系统、接处警指挥调度系统、数字录音系统、视频图像传输与数字化系统、GIS 地理信息系统、GPS 系统、电子政务系统、数据库存储集群系统、Web 查询与投诉系统、IVR 自动语音系统、TTS 文语转换系统、大屏幕图像显示系统等。在此基础上，还需增加无人机飞行器技术和遥感传感器技术，用于自动化、智能化地获取遥感信息。射频识别（RFID）、红外感应器、全球定位系统、激光扫描器等也可用于城市物联网监控平台的建设。

一个高效的应急联动机制的构建，不仅需要法律、理论、政策和体制的支持，还需要先进的技术手段作为支撑。因此，未来需要依靠科技进步的力量来促进南水北调中线应急联动机制的健全完善，提升联动应急的能力水平。

首先，要加强信息系统技术的开发和运用，利用现代信息技术建立完善的应急联动管理决策支持系统和信息公开平台，运用新媒体技术提升风险评估、信息报告与公开的时效性、安全性，强化应急联动管理中的信息交流和决策支持，依靠科技的力量，提升政府部门应急联动管理能力。

其次，要重点促进一些高新技术在抢险救灾中的应用，包括突发事件的预防与应急准备、监测与预警、应急处置与救援、灾后恢复与重建等环节，提高抢险救灾的效率，减少突发事件造成的损失。

最后，要开展应急联动管理相关标准、规范和技术的研究工作，优化整合各类应急管理资源，提升政府部门应急联动管理的专业化、科学化水平。

第三节　资源保障

一　人力资源保障

（一）强化应急联动专业人员培养

首先，强化领导层的应急决策能力培养。通过建立长效的培训机制，培训应急联动相关部门领导层的应急决策能力，使他们做到熟悉、熟知应急预案，掌握应急处置程序，沉着、冷静应对突发事件，临危不乱，不断提升决策能力。其次，抓好应急联动专业队伍建设，立足于现有的应急救援队伍，制定科学合理的培养专业应急联动管理人才的教学计划，根据专项培训目标计划制定相应的突发公共事件应急培训课程，通过培训，使应急联动专业人员了解与掌握如何识别危险、如何采取相应的应急措施、如何运用紧急警报系统、如何紧急避险等应急操作程序，提高应急队伍的综合协同应对能力。最后，抓好专家支撑队伍建设。专家支撑队伍对突发事件提供技术支持、决策建议等，是应急管理体系的重要组成部分。可以从省内知名企业、科研机构、高等院校等选择吸收，因为专家队伍不仅需要生产技术类专家，也需要心理学、公共关系学等方面的专家。

（二）强化联动应急预案的培训与演习

通过培训与演习，让每个人充分认识自己在突发事件发生时的角色定位和职责要求，提升预案的务实严谨和可操作性，为抢险救援奠定坚实的基础。具体内容主要包括以下几个方面：第一，把应急预案的宣传、贯彻、学习作为一项经常性的培训内容，并进行严格的考核。第二，开展有针对性内容的联合应急演练，针对突发公共事件的不同等级与影响程度，可采取全面演习、组合演习与单项演习等其中几项进行专项训练。第三，在培训与演习过程中，及时做好评估、反馈、善后学习、反思与总结工作，及时发现和纠正存在的问题，进一步完善突发公共事件应急联动体系。

二　信息资源保障

突发事件的信息主要包括两个方面：一是向应急联动各单位发布的专业信息，二是向公众发布的各种实用信息，贴近生产生活，尽量浅显易懂。

第一，构建一个统一的、综合的信息交换平台与分析系统，各个应急职能部门都有自身一套不同的信息系统且各个部门信息系统之间相互分割，缺乏互联互通和信息资源共享。因此，要构建统一的信息发布平台，确保信息发布的权威性、准确性和实效性。信息发布平台要第一时间掌握应急联动中的各种信息，24 小时实时发布。第二，实现信息发布方式的多样化，发布方式应既包括广播、电视、政府网站等媒体，也包括互联网、微信、微博等社交媒体，同时，要对社交媒体发布的信息进行监督，避免虚假信息误导大众。第三，进一步规范政府信息公开程序，健全信息沟通与传播机制。对于必须公开、申请公开的信息做出明确的规定。及时发布突发公共事件的发展态势及处置过程，消除公众恐慌心理，遏制事件带来不必要的负面效应。成立信息资源主管部门、信息委员会。第四，进一步明确并完善政府相关职能部门违反信息公开制度的法律责任与行政责任。

三　资金资源保障

应急资金包括应急管理资金与应急救援资金。应急管理资金要求预算精确，预算由省级应急办负责，应在每年预算时将其单列。在每年上报预算时，要征求抢险部门、监测部门、物资采购部门、生产部门等有关业务单位的意见，做好预算规划，明确预算支出，并开列适当的不可预见经费，形成制度，并对资金的利用做好统筹规划，相关部门负责监督。

应急救援资金的募集与管理。首先，政府要加大应急救援的支出，保障应急救援的顺利进行，具体可以采用中央政府与地方政府按比例出资的形式。同时，政府可以依托更加多样化的手段，充分利用社会力量，多渠道募集资金，并实现资金统一管理。其次，将资金的来源与具体用途在统一的信息发布平台向公众说明，实现资金的公开、透明、高效利用。

四　物资资源保障

应急物资保障是应对突发事件最重要的要素之一。一是日常物资资源的储备。当突发事件发生时，各种急需的生活物资奇缺，保障事发后员工和人民的衣、食、住等基本需求，充足的物资储备、运输、分配等工作便成为当务之急。一般来讲，各种应急物资包括面粉、食用油、消炎药品、棉被、冬装或夏装、临时避难的帐篷，等等，政府应当充分调配这类物资，必须要有相应的物资储备作为支持。政府和企业物资管理部门、应急抢险中心、规划计划部门和生产运行部门应协调配合，建立应急储备物资监控网络，加强对储备物资的动态管理，及时补充和更新，并实行资源共享，提高物资利用率，确保储备物资品种适宜、质量可靠、数量充足、常备不懈。二是物资资源的捐助与发放。要充分调动企业的积极性，提高企业的社会责任感，广泛募集应急救援所需物资，尤其是各类专业物资，如帐篷、医疗设备、简易房建筑材料等。此外，与应急救援资金一样，应急物资也需要在统一的信息发布平台上向公众发布信息，实现来源明确、用途透明。最重要的是要对救援物资实行统一调度，其中包括进入灾区的物资汇总与发放，而且要在官方网站上实时更新物资需求与供应情况，避免浪费与不足，实现资源的高效利用。三是做好应急救援物资的调配和运输工作，确保突发事故状态下应急物资的供应。各级应急部门要整合资源，调动各方面的运输能力，着力形成高效的应急物资运输网络，确保应急物资运输优先、及时。在对应急物资的运输过程中，需结合各地道路特点和运输车辆状况，制定出应急物资道路运输保障的可行方案，筛选合适车型，加强运力储备，科学组织编队，并安排运输车辆的维修车队，确保应急物资及时、安全运达事故现场。

参考文献

一　中文文献

（一）专著

[1] 陈安、陈宁、倪慧荟:《现代应急管理理论与方法》，科学出版社 2009 年版。

[2] 邓琼、李明愉:《安全系统管理》，西北工业大学出版社 2012 年版。

[3] 胡宝清:《模糊理论基础》，武汉大学出版社 2010 年版。

[4] 计雷:《突发事件应急管理》，高等教育出版社 2006 年版。

[5] 吕品、王洪德:《安全系统工程》，中国矿业大学出版社 2012 年版。

[6] 闪淳昌:《应急管理：中国特色的运行模式与实践》，北京师范大学出版社 2011 年版。

（二）期刊论文

[1] 陈安、武艳南:《基于最优停止理论的应急终止机制设计》，《中国管理科学》2010 年第 4 期。

[2] 陈进、黄薇:《跨流域长距离引调水工程系统的风险及对策》，《水利水电技术》2004 年第 5 期。

[3] 陈理飞、史安娜:《基于实物期权理论的跨流域调水工程风险管理探讨》，《水利经济》2006 年第 5 期。

[4] 陈玲玲:《非政府组织——提升公共危机管理水平的催化剂》，《经营管理者》2009 年第 3 期。

[5] 陈志宗、尤建新:《重大突发事件应急救援设施选址的多目标

决策模型》，《管理科学》2006 年第 4 期。

[6] 段文刚、黄国兵、吴斌等：《跨流域调水工程突发事件及应急调度措施研究》，《长江科学院学报》2010 年第 4 期。

[7] 方妍：《国外跨流域调水工程及其生态环境影响》，《人民长江》2005 年第 10 期。

[8] 房彦梅、张大伟、雷晓辉等：《南水北调中线干渠突发水污染事故应急控制策略》，《南水北调与水利科技》2014 年第 2 期。

[9] 丰景春、董维武：《大中型调水工程运作与管理体制》，《中国投资》2005 年第 10 期。

[10] 付金梅：《非政府组织参与应对重大突发事件：作用空间与路径选择——以汶川大地震为例》，《青海社会科学》2010 年第 2 期。

[11] 高德刚、于福春、于广仓等：《南水北调工程东线山东段水污染原因分析及治污措施》，《水利经济》2006 年第 6 期。

[12] 高炜：《原水长距离输水管道对典型水质指标的影响》，《中国给水排水》2013 年第 19 期。

[13] 郭倩倩：《突发事件的演化周期及舆论变化》，《新闻与写作》2012 年第 7 期。

[14] 胡甲均、孙录勤、张勇林等：《长江流域水利突发公共事件应急预案体系建设》，《人民长江》2010 年第 4 期。

[15] 贾学琼、高恩新：《应急管理多元参与的动力与协调机制》，《中国行政管理》2011 年第 1 期。

[16] 蒋海、李赟宏：《风险投资中的报酬激励问题——基于双重委托代理模型的分析》，《当代经济科学》2008 年第 5 期。

[17] 金键、洪剑泳：《调水工程系统风险评价体系研究》，《水利科技与经济》2007 年第 4 期。

[18] 寇刚、李仕明、汪寿阳等：《序言——突发事件应急管理》，《系统工程理论与实践》2012 年第 5 期。

[19] 冷民、林昆勇：《非政府组织在四川地震灾害救助中的作用发

挥问题研究》,《未来与发展》2008 年第 12 期。
[20] 李红艳:《突发水灾害事件应急管理参与主体的界定及其互动关系》,《水利水电科技进展》2013 年第 4 期。
[21] 李进、张江华、朱道立:《灾害链中多资源应急调度模型与算法》,《系统工程理论与实践》2011 年第 3 期。
[22] 李莉:《南水北调中线工程突发事件应急机制建立初探》,《城市地理》2015 年第 12 期。
[23] 刘春艳:《应急管理中的非政府组织参与》,《管理观察》2009 年第 12 期。
[24] 刘德海:《群体性突发事件中政府机会主义行为的演化博弈分析》,《中国管理科学》2010 年第 1 期。
[25] 刘德海:《政府不同应急管理模式下群体性突发事件的演化分析》,《系统工程理论与实践》2010 年第 11 期。
[26] 刘庆乐:《双重委托代理关系中的利益博弈——人民公社体制下生产队产权矛盾分析》,《中国农村观察》2006 年第 5 期。
[27] 刘勇、马良、宁爱兵:《给定限期条件下应急选址问题的量子竞争决策算法》,《运筹与管理》2011 年第 3 期。
[28] 吕端:《南水北调中线工程重大水污染事件应急机制建立初探》,《中国水运》2013 年第 2 期。
[29] 吕周洋、王慧敏、张婕等:《南水北调东线工程运行的社会风险因子识别》,《水利经济》2009 年第 6 期。
[30] 彭翔:《非政府组织:危机管理的重要力量》,《南方论刊》2007 年第 10 期。
[31] 任汝鹏:《浅议救灾应急的主体》,《中国减灾》2006 年第 7 期。
[32] 任仲宇、陈鸿汉、刘国华:《南水北调中线干渠水污染途径分析研究》,《环境保护》2008 年第 6 期。
[33] 荣莉莉、张继永:《突发事件的不同演化模式研究》,《自然灾害学报》2012 年第 3 期。

[34] 佘廉、刘山云、吴国斌：《水污染突发事件：演化模型与应急管理》，《长江流域资源与环境》2011 年第 8 期。
[35] 沈怡、王新颖、陈海群：《城市应急管理的委托代理博弈》，《常州大学学报》（自然科学版）2011 年第 2 期。
[36] 盛明科、郭群英：《公共突发事件联动应急的部门利益梗阻及治理研究》，《中国行政管理》2014 年第 3 期。
[37] 树锦、袁健：《大型输水渠道事故工况的水力响应及应急调度》，《南水北调与水利科技》2012 年第 5 期。
[38] 田军、张海青、汪应洛：《基于能力期权契约的双源应急物资采购模型》，《系统工程理论与实践》2013 年第 9 期。
[39] 王成敏、孔昭君、杨晓珂：《基于需求分析的应急资源结构框架研究》，《中国人口·资源与环境》2010 年第 1 期。
[40] 王光辉、陈安：《突发事件应急启动机制的设计研究》，《电子科技大学学报》（社科版）2012 年第 8 期。
[41] 王慧敏、刘高峰、佟金萍等：《非常规突发水灾害事件动态应急决策模式探讨》，《软科学》2012 年第 1 期。
[42] 王亮东：《跨流域长距离调水工程建设管理体制模式研究》，《价值工程》2005 年第 12 期。
[43] 王婷：《突发水灾害事件中非政府组织媒介角色研究》，《山西农业大学学报》（社会科学版）2010 年第 4 期。
[44] 王文斌、李益、马艳军等：《面向南水北调中线水质监测的 GPS 移动数据采集终端及系统的设计与实现》，《南水北调与水利科技》2011 年第 4 期。
[45] 王先甲、全吉、刘伟兵：《有限理性下的演化博弈与合作机制研究》，《系统工程理论与实践》2011 年第 S1 期。
[46] 威廉·L. 沃，格利高里·斯特雷布、王宏伟、李莹：《有效应急管理的领导与合作》，《国家行政学院学报》2008 年第 3 期。
[47] 肖伟华、庞莹莹、张连会等：《南水北调东线工程突发性水环

境风险管理研究》,《南水北调与水利科技》2010 年第 5 期。
[48] 徐岩、胡斌、钱任:《基于随机演化博弈的战略联盟稳定性分析和仿真》,《系统工程理论与实践》2011 年第 5 期。
[49] 杨帆:《万家寨引黄调水工程施工阶段环境风险评价》,《华北水利水电学报》2005 年第 4 期。
[50] 杨龙、郑春勇:《地方合作在区域性公共危机处理中的作用》,《武汉大学学报》(哲学社会科学版)2011 年第 1 期。
[51] 姚杰、计雷、池宏:《突发事件应急管理中的动态博弈分析》,《管理评论》2005 年第 3 期。
[52] 叶炜民、于琪洋:《水利突发公共事件应急管理现状分析》,《中国水利》2006 年第 17 期。
[53] 易承志:《社会组织在应对大都市突发事件中的作用及其实现机制》,《中国行政管理》2014 年第 2 期。
[54] 俞武扬:《不确定网络结构下的应急物资鲁棒配置模型》,《控制与决策》2013 年第 12 期。
[55] 臧克、李云:《浅谈非政府组织参与灾害管理》,《中国减灾》2009 年第 5 期。
[56] 曾宇航、许晓东:《基于电子政务平台的应急信息协同机制研究》,《情报杂志》2012 年第 8 期。
[57] 张昊宇、陈安:《应急救灾三方博弈模型研究》,《电子科技大学学报》(社会科学版)2011 年第 3 期。
[58] 张军献、张学峰、李昊:《突发水污染事件处置中水利工程运用分析》,《人民黄河》2009 年第 6 期。
[59] 张乐、王慧敏、佟金萍:《突发水灾害应急合作的行为博弈模型研究》,《中国管理科学》2014 年第 4 期。
[60] 张玲玲、王慧敏、王宗志:《南水北调东线水资源配置与调度供应链契约分析》,《水利经济》2004 年第 4 期。
[61] 赵哲锋、王勇猛:《国内外突发事件应急管理机制的比较与启示》,《法制与社会》2012 年第 6 期。

[62] 赵志仁、郭晨:《国内外引(调)水工程及其安全监测概述》,《水电自动化与大坝监测》2005 年第 1 期。

[63] 祝江斌、王超、冯斌:《城市重大突发事件的扩散机理刍议》,《华中农业大学学报》(社科版) 2006 年第 5 期。

[64] 钟佳、刘刚:《城市防汛应急物资储备模式研究》,《人民长江》2013 年第 20 期。

[65] 祝江斌、王超、冯斌:《城市重大突发事件扩散的微观机理研究》,《武汉理工大学学报》(社会科学版) 2006 年第 5 期。

(三) 学位论文

[1] 李霞:《南水北调中线水源区水污染防治协同治理研究》,硕士学位论文,郑州大学,2014 年。

[2] 刘婵玉:《突发水污染事故下明渠输水工程应急调控研究》,硕士学位论文,天津大学,2011 年。

[3] 刘智宇:《突发事件类型间演化及媒体应对》,硕士学位论文,华中科技大学,2012 年。

[4] 鲁洋:《公共危机管理中的博弈分析及对策研究》,硕士学位论文,国防科学技术大学,2003 年。

[5] 聂艳华:《长距离引水工程突发事件的应急调度研究》,硕士学位论文,长江科学院,2011 年。

[6] 任财:《南水北调工程突发性水污染及防洪预警研究》,硕士学位论文,大连理工大学,2014 年。

[7] 沈建芳:《跨流域调水工程协调机制研究》,硕士学位论文,河海大学,2006 年。

[8] 宋广英:《我国公众与政府间的委托代理关系研究》,硕士学位论文,东北大学,2006 年。

[9] 魏泽彪:《南水北调东线小运河段突发水污染事故模拟预测与应急调控研究》,硕士学位论文,山东大学,2014 年。

[10] 徐兵:《基于博弈理论的我国公共危机管理中若干问题研究》,硕士学位论文,同济大学,2008 年。

[11] 徐伟宏:《非政府组织参与突发事件管理的研究》,硕士学位论文,上海交通大学,2008 年。

[12] 徐月华:《南水北调东线一期工程南四湖突发水污染仿真模拟及应急处置研究》,硕士学位论文,山东大学,2014 年。

[13] 赵淑红:《应急管理中的动态博弈模型及应用》,硕士学位论文,河南大学,2007 年。

(四)会议论文

[1] 李玉科、孟繁义、时伯华:《"突发性水污染事故应急处理体系"在南水北调东线工程建设中的探讨》,建设资源节约型、环境友好型社会国际研讨会暨中国环境科学学会 2006 年学术年会,苏州,2006 年 7 月。

[2] 裘江南、董磊磊、叶鑫等:《突发事件耦合度模型研究》,第四届国际应急管理论坛暨中国(双法)应急管理专业委员会第五届年会论文,北京,2009 年 12 月。

(五)其他

http://baike.baidu.com/link?url=IqsTl8coXc2FGEwD-ano4W2009AsAsym55Dxeh00_zmMsOdkU7v6JYjmUsT5nTsdjdjG7hABFqRcQPpuEf7Ey4leNVZGoExO6tu1q2WMipcDqRzEa0WoJna_c1ArzrMv8jJXsonw_SrLcPXmF5JYN_#12.

二 外文文献

(一)著作

Guillaume Hollard, Samuel Bowles, *Microeconomics: Behavior, Institutions and Evolution*, Beijing: China Renmin University Press, 2006.

(二)期刊

[1] Bach L. A., Helvikc T., Christiansen F. B., "The Evolution of N-player Cooperation-threshold Games and ESS Bifurcations", *Journal of Theoretical Biology*, Vol. 238, No. 2, Jan 2006.

[2] Burkholder, Brent T., Toole, Michael J., "Evolution of Complex

Disasters", *The Lancet London*, Vol. 346, No. 8981, Oct 1995.

[3] Craig Calhoun, "A world of Emergencies: Fear, Intervention, and the Limits of Cosmopolitan Order", *The Canadian Review of Sociology and Anthropology*, Vol. 41, No. 4, Nov 2004.

[4] Davies, B. R., Thoms, M., Meador, M., "The Ecological Impacts of Inter – Basin Water Transfers and Their Threats to River Basin Integrity and Conservation", *Aquatic Conservation: Maritime and Freshwater Ecosystems*, Vol. 2, No. 4, Dec 1992.

[5] Filiz Dadaser – Celik, Jay S. Coggins, Patrick L., Brezonik, Heinz G., "The Projected Costs and Benefits of the Water Diversion from and to Sultan Marshes (Turkey)", *Stefan Ecological Economics*, Vol. 68, No. 5, March 2009.

[6] Fridernan D., "Evolutionary Games in Economics", *Econometrica*, Vol. 59, No. 3, May 1991.

[7] Ibrahim M. Shaluf, Fakllarul – razi Ahmadun, Sa' ari MustaPha, "Technological Disaster's Criteria and Models", *Disaster Prevention and Management*, Vol. 12, No. 4, Apr 2003.

[8] Lansheng Wang, Christian M., "A Study on the Environmental Geology of the Middle Route Project of the South – North water transfer Engineering Geology", *Engineering Geology*, Vol. 51, No. 3, Jan 1999.

[9] Maynard S. J., "The Theory of Games and Evolution of Animal Conflict", *Journal of Theory Biology*, Vol. 47, No. 1, Oct 1974.

[10] Singer D., "Fault Tree Analysis Based on Fuzzy Logic", *Computers & Chemical Engineering*, Vol. 14, No. 3, Mar 1990.

[11] Steinmann P. Keiaer J. Bos R. et a1., "Schistosomiasis and Water Resources Development: Systematic Review, Meta – Analysis, and Estimates of People at Risk", *Lancet Infectious Diseases*, Vol. 6, No. 7, Jul 2006.

[12] Turner, B. A. , "The Organizational and Interorganizational Development of Disasters", *Administrative Science Quarterly*, Vol. 21, No. 3, Sep 1976.

[13] Wang Z. , Wang Z. , Vriend H. J. D. , "Impact of Water Diversion on the Morphological Development of the Lower Yellow River", *International Journal of Sediment Reesarch*, Vol. 23, No. 1, Sep 2008.

(三) 会议论文

[1] Gaofeng Liu, Huimin Wang, Jinping Tong, "Scenario Construction of Flood Emergency Management in River Basin Based on Scene Perception", *Proceedings of International Symposium on Statistics and Management Science*, 2010.

[2] Jinping Tong, Jianfeng Ma, Gaofeng Liu, "Evolutionary Game Analysis of Emergency Management Cooperation for Water Disaster", *Service Systems and Service Management (ICSSSM)*, 2011 8*th International Conference*, Jun 2011.

[3] Shanahan J. G. , Dai L. , "Large Scale Distributed Data Science Using Apache Spark", *Proceedings of the* 21*th ACM SIGKDD International Conference on Knowledge Discovery and Data Mining*, New York: ACM, 2015.

[4] Shvachko K. , Kuang H. , Radia S. , et al. , "The Hadoop Distributed File System", *Mass Storage Systems and Technologies (MSST)*, No. 7, May 2010.

[5] Zaharia M. , Chowdhury M. , Franklin M. J. , et al. , "Spark: Cluster Computing with Working Sets", *Usenix Conference on Hot Topics in Cloud Computing. USENIX Association*, 2010.

[6] Zaharia M. , Chowdhury M. , Das T. , et al. , "Resilient Distributed Datasets: A Fault - tolerant Abstraction for In - Memory Cluster Computing", *Proceedings of the* 9*th USENIX conference on Net-*

worked Systems Design and Implementation. Berkeley: *USENIX Association*, 2012.

（四）其他

Cohen M. W., PALMER G. R., Project risk identification and management [EB/OL]. [2009-06-21]. http://web.ebscohost.com/ehost/detail? vid = l&hid = ll3&hid = 40a79828-22e3-454a-a4d4.2b4fbe928550% 40sesionmgr112&bdata = JnNpdGU9ZWhve3QtbG12ZQ%3d#db = buh&AN = 1470470.